通信工学

Communications Engineering

～情報メディアの基盤を支える技術～

吉岡　良雄　・　長瀬　智行　共著

まえがき

　人工衛星や海底（光）ケーブルなどを利用した情報通信の普及によって，今日では海外からの情報がいち早く我々の手元に来るようになってきている．1990 年頃からコンピュータネットワーク（インターネット）が急速に普及し，パーソナルコンピュータや携帯電話が安価になったことも相まって，電子メール，ホームページ，ソーシャルネットワーク（SNS）などによる情報提供や情報交換が爆発的に増大してきている．

　さらに，このコンピュータネットワーク（伝送媒体）上には，文字情報ばかりではなく，音声データや（動）画像データ，およびこれらが混在したデータなどが伝送されている．このように，各種各様な情報を伝送することができる媒体を マルチメディアという．この背景には，情報通信（通信工学）における学問研究の蓄積がある．すなわち，回路網理論（伝送路，フィルタなど），伝送工学（有線伝送，無線伝送，フーリエ変換，変調方式など），情報理論（符号理論，暗号など），コンピュータやコンピュータ通信（デジタル通信，トラヒック理論など）など，多方面に渡っている．そして，情報通信やコンピュータネットワークの拡大とともに，この分野が拡大してきている．

　近年におけるインターネットおよび携帯電話の普及は，遠隔地間での人間間のコミュニケーション，人間とコンピュータ間のコミュニケーション，およびコンピュータ間のコミュニケーションにおける情報伝送媒体（情報メディア）の技術革新が欠かせない．また，2011 年から本格運用が始まったデジタルテレビジョンも UHF 帯電波や通信衛星による SHF 帯電波を用いた情報伝送媒体である．これらの伝送媒体は，同軸ケーブルや光ケーブルなどによる伝送線路および電波による無線伝送などの物理的伝送路，および伝送路で伝送する電気信号を変化（変調）させて遠方に効率よく伝送する方法に分かれる．

　本書（講義ノート）は，この情報伝送媒体の基礎技術についてまとめたものである．まず，第 1 章は導入部分であり，本書の構成や意義について述べる．第 2 章は第 3 章で示す伝送線路や第 8 章で示すフィルタを解析するための基礎となる線形回路網解析の手法を示す．第 3 章は伝送系のなかでも伝送線路の特性解析を行い，同軸ケーブルなどの具体的な伝送線路の特性などについて示す．第 4 章は電磁波による無線伝送の特性解析や光ケーブルの特性解析などについて示す．第 5 章は第 6 章のアナログ変調方式および第 7 章のデジタル変調方式における基礎となる 三角関数の直交性 を利用したフーリエ級数展開やフーリエ変換について示す．第 6 章および第 7 章はアナログ変調およびデジタル変調の具体的方法について述べる．第 8 章は送受信機において必須となるフィルタの具体的な回路特性等について示す．第 9 章は符号系・復号系における人間の感覚に依存しない情報通信における評価量である情報理論について述べる．第 10 章ではインターネットや携帯電話の情報交

換を支えるコンピュータネットワークの構成およびトラヒック解析について述べる．なお，付録 A には回路解析等において欠かせないラプラス変換・逆変換について示す．付録Ｂは各章末の練習問題の解答例を示す．

　以上のように，通信工学の学問分野が拡大してきている現在において，これらを１科目または２科目の講義とする場合，これらを系統立てて述べた書籍がなく，一部分に偏りがちになっている．そこで，本書はこれらの理論的背景を系統立てて述べ，初期の１科目講義用としてまとめたものである．

2019 年 1 月　著者しるす

目 次

A.5　$z-$変換・逆変換　125

付録B　練習問題解答　**127**

参考文献　**143**

索引　**145**

著者略歴　**149**

第1章 イントロダクション

人工衛星や海底ケーブルなどを利用した情報通信の普及によって，今日では海外からの情報がいち早く我々の手元まで来るようになってきている．また，マイクロプロセッサの開発によって，コンピュータが小型かつ安価になり，我々の手に届くようになった．コンピュータや携帯電話の普及である．そして，コンピュータどうしが通信回線で容易に接続できるようになってきているので，インターネットに代表されるように，他のコンピュータからの情報交換が場所（家庭からでも）や時間に関係なく即座に行うことができるようになってきている．さらには，人間と人間との間の情報交換を効率的に行うために，コンピュータが介在している場合が非常に多くなってきている．このように人間と人間との間の情報交換を行うための手段を情報メディア（あるいは 通信システム）という．本章は，本書の導入部分であり，このような情報通信システムの考え方や情報通信に関する歴史などについて述べる．

1.1 情報通信の歴史

最近では，コンピュータの発達によってアナログ通信は影を潜め，0と1で情報伝達（情報通信）を行うデジタル通信が主流になってきている．しかしながら，歴史を振り返ってみると あり と なし の通信（デジタル通信）から始まったといえる．すなわち，太鼓やのろしなどの あり・なし （モールス信号）によって情報伝達が行われた．これでは非常に不便であるし，専門家しか扱うことができないので一般的ではない．従って，だれもが自由に扱うことができるためには，人間の声や音などがそのまま伝達できなければならない．これがアナログ伝送 である．さらに，高速トランジスタや集積回路(IC: Integrated Circuit) 技術の発達やコンピュータの発達によって，アナログ信号を AD (Analog Digital) 変換器を通して，雑音に強い デジタル通信 やコンピュータでの信号の加工が容易に行われるようになった．また，デジタルテレビジョンの情報伝送に見られるように，数ビットを振幅と位相で表す方法（直交振幅変調方式）が用いられている．

このように考えると，情報伝達（通信）はデジタル通信からアナログ通信へ，そしてアナログ通信から再びデジタル通信へと変遷していることが分かるであろう．このように，歴史は繰り返しているようであるが，集積回路技術の発達やコンピュータの発達と普及など，そ

の時代の条件が重要であるといえる.

　情報通信の発達は，電気の発明に非常に関係している．そこで，電気および通信に関する歴史を示すならば，以下のようになる．ただし，近年においては，発達が目ざましいので，主なものだけを示した.

1800〜1837（電磁気，電気数学）： ボルタ (Volta, 1745 〜 1827) 電池.

　　　フーリエ (Fourier, 1768 〜 1830) の数学（フーリエ変換等）.

　　　コーシー (Cauchy 1789 〜 1857) の数学（複素積分等）.

　　　ラプラス (Laplace 1749 〜 1827) の数学（ラプラス変換等）.

　　　エルステッド (Oersted 1777 〜 1851) の電磁気学（磁力の単位）.

　　　アンペール (Ampere 1775 〜 1836) の電磁気学（電流の単位）.

　　　ファラデー (Faraday 1791 〜 1867) の電磁気学（ファラデーの法則）.

　　　ヘンリー (Henry) の電磁気学（電磁誘導係数の単位），

　　　オーム (Ohm) の法則（電気抵抗の単位）.

　　　ガウス (Gauss, 1777 〜 1855) とウェーバー (Weber).

　　　ホィーストン (Wheatstone) とクック (Cooke) の電信機械.

1838： モールス (Morse) の電信機械の発明.

1845： キルヒホッフの法則 (Kirchhoff, 1824 〜 1887).

1864： マックスウェル (James Clerk Maxwell, 1831 〜 1879) の電磁界理論.

1876〜1899（電話機の誕生）： ベル (Alexander Graham Bell, 1847 〜 1922) の電話機，

　　　エジソン (Edison, 1847 〜 1931) の電球，ケーブルの導入と理論.

1887〜1907（無線電信）： ヘルツ (Heinrich Hertz, 1857 〜 1894) がマックスウェルの理論を検証．マルコニ (Marconi, 1874 〜 1937) とポポフ (Popov, 1859 〜 1906) が実証．無線電信機，同調回路理論.

1904〜1920（ラジオ，電話）： フレミング (Fleming) ダイオードの発明.

　　　基本的なフィルタ (G. A. Campbell 他)，AM 放送の実験.

　　　ベルシステムによる大陸横断電話機，多重搬送波電話.

1918： スーパーヘテロダインラジオ受信機 (E. H. Armstrong, 1890 〜 1954).

1920〜1928： 機械的な映像生成システム (Baird, Jenkins).

　　　バンド幅の理論解析 (Gray, Horton, Mathes).

　　　電子映像の提案 (Farnsworth, Zworykin)．撮像管 (DuMont, 他)，映像実験放送.

1931： テレタイプサービス開始.

1934： 負帰還増幅器 (H. S. Black).

1936： FM 放送 (E. H. Armstrong).

1937：   パルス符号変調 (Alec Reeves).

1938〜1945（第2次世界大戦）：   レーダとマイクロ波システム開発. 軍事通信用 FM，各理論の改善. 信号復調問題に統計的方法の適用.

1945：   世界初のコンピュータ ENIAC（Electronic Numerical Integrator and Computer）の誕生.

1946：   現在のコンピュータの原型である EDVAC（Electronic Discrete Variable Automatic Computer）の誕生 (Neumann, 1903 〜 1957).

1948：   シャノン (C. E. Shannon, 1916 〜 2001) の情報理論（通信の数学的理論）.

1948〜1951：   トランジスタ (Bardeen, Brattain, Shockley).

1950：   時間分割多重電話.

1955：   衛星通信システムの提案 (J. R. Pierce).

1958：   最初の大陸間海底電話ケーブル. 軍事用長距離データ通信システム.

1960：   レーザー通信の実験 (Mainman).

1961：   集積回路 IC （Integrated Circuits）の生産.

1962〜1966（高速デジタル通信）：   データ通信サービス. デジタル信号のための広帯域チャンネル設計. 音声や TV でのパルス符号変調(PCM)の有効性. Error Control Coding 理論 (Bose, Chaudhuri Wozencraft 他).

1963：   半導体マイクロ波発振器（ガンダイオード）(Gunn 他).

1964：   電話交換機に電子交換機.

1965：   火星からの映像受信 (Mariner IV).

1969：   ARPA (Advanced Research Projects Agency Netowork) 実験網構築. 4 ビットマイクロプロセッサ（日本のビジコン社とインテル社の共同開発）.

1974：   8 ビットマイクロプロセッサ 8080, MC6800（モトローラ社）.

1976：   8 ビットマイクロプロセッサ Z80（ザイログ社）.

1977：   実用的な光ファイバの製造方法を発明（NTT 電気通信研究所 伊澤達夫）.

1978：   16 ビットマイクロプロセッサ 8086（インテル社）.

1979：   「究極の」8 ビットマイクロプロセッサ MC6809（モトローラ社）.

1980：   ハイビジョン TV 対応機器開発. 16 ビットマイクロプロセッサ MC68000 系（モトローラ社）. RISC（Reduced Instruction Set Computer）手法.

1980〜1990：   RISC・CISC（Complex Instruction Set Computer）論争.

1982：   16 ビットマイクロプロセッサ 80286系（インテル社）.

1985：   32 ビットマイクロプロセッサ 80386系（インテル社）.

1985： サンマイクロシステムズ社が SPARC（Scalable Processor Architecture）を発表．

1987： 32 ビットマイクロプロセッサ MC68030系（モトローラ社）．

1989〜2012： BS アナログ放送．

1990： JAIN（Japan Academic Inter–University Network）実験網稼動．

1992： SINET（Science Internet）（学術情報ネットワーク）運用開始．

1994： ハイビジョン TV 実用化試験放送開始．

1995： 携帯電話，パーソナルコンピュータ用 Windows 95．

2000： BS デジタル放送開始．

2000〜2001： Windows NT(英語版は 1993 年)，Windows 2000，続いて Windows XP．

2007： 無線電力伝送実用化実験（マサチューセッツ工科大学）．

2009： Windows 7．

2011： 地上デジタルテレビジョン放送開始．東日本大震災発生（平成23年3月11日 14時46分18秒）の影響により，一部地域の完全移行が 2012 年度に．

2012： Windows 8．

1.2　情報通信システムの考え方

　情報メディア とは，人間間で情報を伝えるための媒体（メディア）という意味であり，情報を伝える情報伝送媒体である．従って，広い意味においては，新聞，雑誌，ラジオ，テレビ，手紙，電話などといった情報を伝える手段も情報メディア という．最近では，インターネットを利用して，電子メールやホームページなどによって，情報を伝達することが多くなってきた．情報メディアといえば，上述のようにインターネットやコンピュータネットワークを指す場合が多い．また，携帯電話やデジタルテレビが普及し，電波を利用した情報伝送が行われている．そこで，人から人へ情報を伝える媒体（特に，電気信号を利用して行う場合）としては図 1.1 に示すものがあり，上から順に以下のようになる．

(a)　直接，面と向かって情報を伝える方法．

(b)　マイクとスピーカを用いて，電気信号を介して情報を伝える方法（インターフォンなど）．

(c)　交換機と電話器によって情報を伝える方法．

(d)　電話器の代わりにモデムを介してコンピュータに接続し，文字等によって情報を伝える方法（FAX，パソコン通信など）．

(e)　音声や画像などをコンピュータに直接入力して情報を伝える方法．

(f)　交換機の代わりにコンピュータネットワークを介して情報を伝達する方法（インターネット，携帯電話など）．

後の三つは，コンピュータのサポートによって，情報を伝達する方法である．特に，最後の方法は，最近急速に発展したインターネットや携帯電話による情報伝達手段である．このように，コンピュータを利用し，伝えるべきあらゆる情報をデジタル化することによって，一つの通信回線で文字だけではなく，音声や画像（動画像も含む）も同時に伝達することができる．このような伝送媒体を マルチメディア（Multi-Media）という．

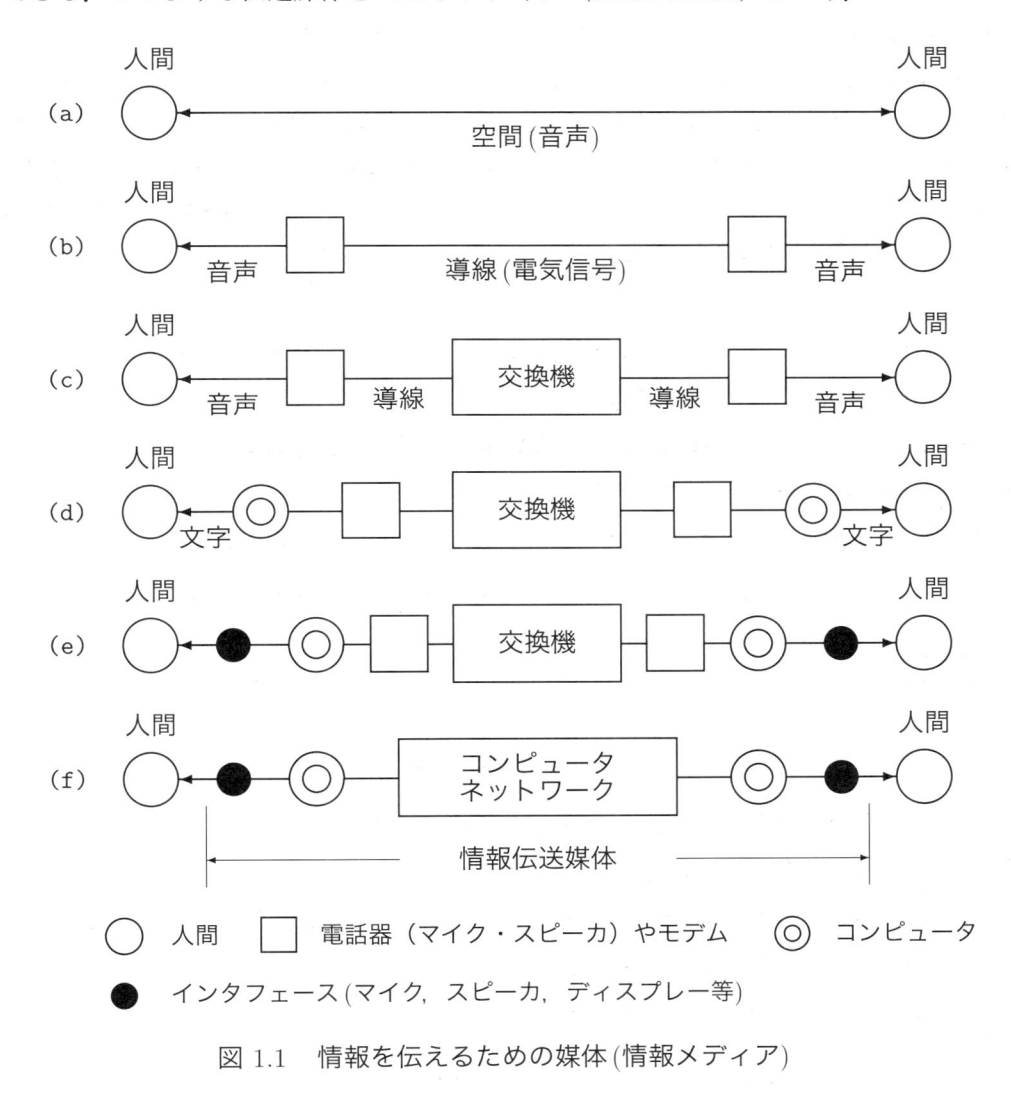

図 1.1　情報を伝えるための媒体(情報メディア)

1.3　本書の構成

本書が取り扱う通信システム（通信媒体）は図 1.2 に示すような構成となる．そこで，本書の構成は，本分野を学習するために必要な線形回路網解析（Linear Network Analysis）

（第 2 章），同軸ケーブルや光ケーブルなどの有線伝送線路および電波による無線伝送路（第 3 章および第 4 章の伝送系(Transmission System)），伝送路で伝送する電気信号を変化（変調）させ，送信・受信する方法（第 5 章〜第 7 章の送信系・受信系(Communications System))，必要とする周波数範囲を通過させるフィルタ （Filter） の解析（第 8 章），雑音による情報の誤りなどを検出し，修復する方法（第 9 章の符号系・復号系(Coding and Decoding System))，インターネットや携帯電話の情報交換を支えるコンピュータネットワーク（Computer Network）（第 10 章）とした．本書の内容を理解するためには，図 1.3 に示すように，複素関数論，電気回路および電子回路の内容を基礎としているので，これらの科目を履修しておく必要がある．すなわち，複素関数論においては，複素数や三角関数の取り扱い，ラプラス変換・逆変換，フーリエ変換・逆変換などが，電気回路および電子回路においては，交流理論，伝達関数やインパルス応答などが必要である．

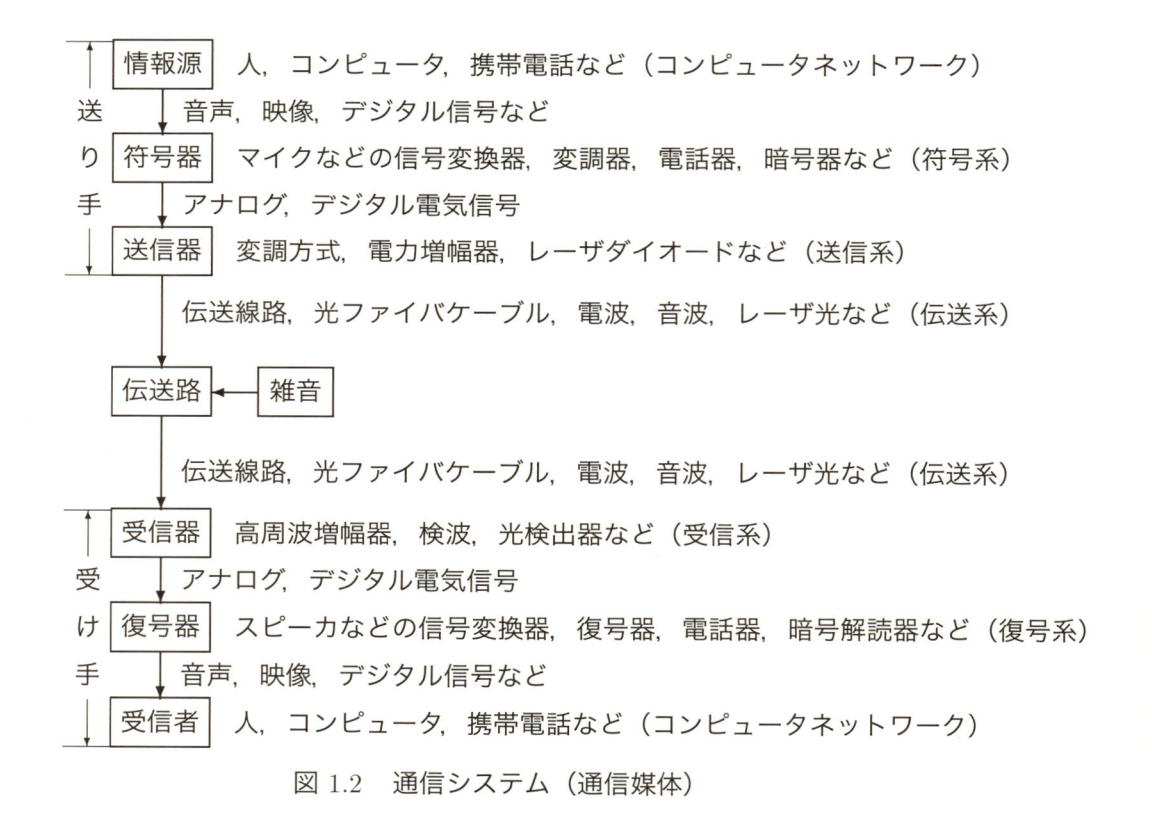

図 1.2　通信システム（通信媒体）

　現在のように，インターネットおよび携帯電話が主流になっている状況において，これらの プロの技術者（インターネットの構築及び保守，携帯電話の送受信機やアンテナ等の構築及び保守などを行う無線技術士や情報通信技術者）になるためには，本書の内容を十分

理解しておく必要がある．そして，このような人材は世の中が変わっても必要である．なぜなら，これらの上に載るソフトウエアに比べ，これらを支える基礎的事柄（考え方）は変わらないものである．また，2011年3月11日の東日本大震災のときには，大規模停電によってインターネットや携帯電話が利用できなくなった．このときの情報伝達の中心はラジオであった．いわゆる，ラジオのような簡単な情報伝達は大災害時において有効であり，これに対応するためには本書の内容である基礎事柄を理解しておくことが必要となる．

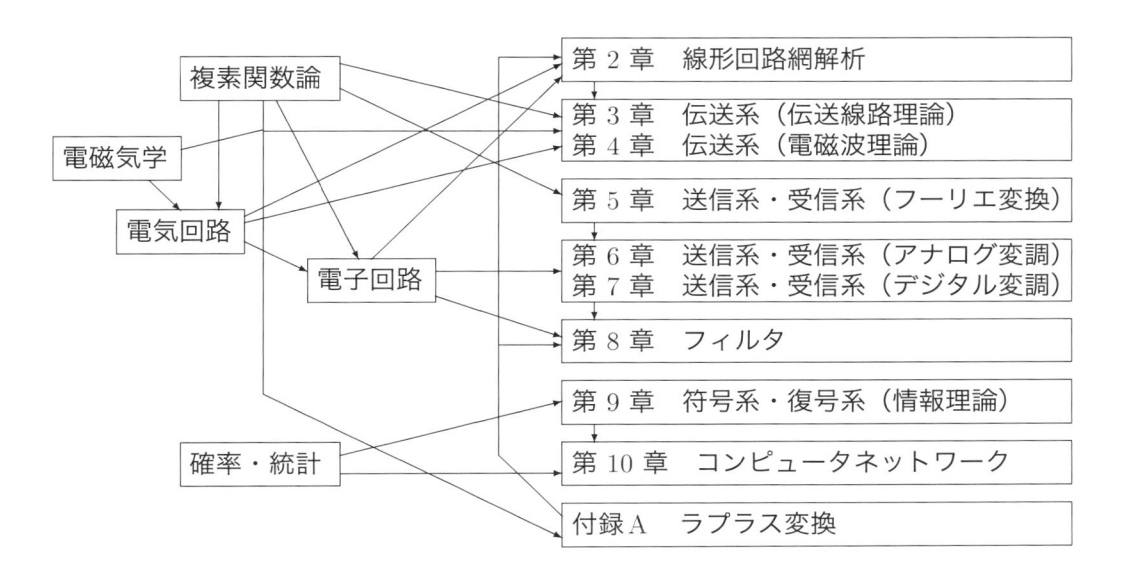

図 1.3　本書の各章と他科目との関係

練習問題 1

問 1.1　　次の数式の空白に正しい数式，数値を入れなさい（複素関数論）．ただし，α および β は実数，$j^2 = -1$ である．

$$\sqrt{j} = \boxed{} + j \cdot \boxed{}, \qquad \sqrt{-j} = \boxed{} + j \cdot \boxed{}$$

$$\sqrt{\alpha + j\beta} = \boxed{} + j \cdot \boxed{}, \qquad e^{j\beta} = \boxed{} + j \cdot \boxed{},$$

$$\left| e^{\alpha + j\beta} \right| = \boxed{}, \quad \log_e(-1) = \boxed{}, \quad \log_e(j) = \boxed{}$$

$$\sin(j\beta) = \boxed{}, \qquad \cos(j\beta) = \boxed{}$$

$$\cosh(\alpha + j\beta) = \boxed{} + j \cdot \boxed{}, \quad \sinh(\alpha + j\beta) = \boxed{} + j \cdot \boxed{}$$

$$\cos(\alpha + j\beta) = \boxed{} + j \cdot \boxed{}, \quad \sin(\alpha + j\beta) = \boxed{} + j \cdot \boxed{}$$

$$\{\cosh(\alpha)\}^2 - \{\sinh(\alpha)\}^2 = \boxed{}$$

$$\{\cos(\alpha)\}^2 = \boxed{}, \qquad \{\sin(\alpha)\}^2 = \boxed{}$$

$$\{\cosh(\alpha)\}^2 = \boxed{}, \qquad \{\sinh(\alpha)\}^2 = \boxed{}$$

問 1.2　次の小問に答えなさい（電磁気）.

(1)　コンデンサ（容量 $C[F]$）に電荷 Q が蓄積されているとき，コンデンサの両端の電圧 V を示しなさい.

(2)　コイル $L[H]$ に流れる電流が Δt 時間内に Δi 変化したとき，コイルの両端に発生する起電力 V を示しなさい.

(3)　導線に電流 I が流れたとき，半径 r の周りにできる磁界 H を示しなさい.

(4)　導線に電荷 q が蓄積されているとき，半径 r の周りにできる電界 E を示しなさい.

(5)　ある球物体に電荷 Q が蓄積されているとき，球物体の中心から距離 r 離れた時点での電界 E を示しなさい.

問 1.3　3次元直交座標上のベクトル $A(A_x, A_y, A_z)$ において，$\nabla \times \nabla \times A$ は，以下のように計算されることを証明しなさい（電磁気）.

$$\nabla \times \nabla \times A = \nabla \nabla \cdot A - \nabla^2 A$$

なお，$\nabla \times A$ はローテーション（または Curl）といい，以下のように計算される.

$$\nabla \times A = i_x \cdot \left(\frac{\partial}{\partial y}A_z - \frac{\partial}{\partial z}A_y\right) + i_y \cdot \left(\frac{\partial}{\partial z}A_x - \frac{\partial}{\partial x}A_z\right) + i_z \cdot \left(\frac{\partial}{\partial x}A_y - \frac{\partial}{\partial y}A_x\right)$$

ここで，i_x, i_y, i_z はそれぞれ x 軸，y 軸，z 軸の単位ベクトル（Unit Vector）である. また，x, y, z のスカラー量 F に対する ∇F をグラジエント（Gradient），およびベクトル A に対する $\nabla \cdot A$ をダイバージェンス（Divergence）という. そして，∇F, $\nabla \cdot A$ および $\nabla^2 A$ はそれぞれ以下のように計算される.

$$\nabla F = i_x \cdot \frac{\partial}{\partial x}F + i_y \cdot \frac{\partial}{\partial y}F + i_z \cdot \frac{\partial}{\partial z}F$$

$$\nabla \cdot A = \frac{\partial}{\partial x}A_x + \frac{\partial}{\partial y}A_y + \frac{\partial}{\partial z}A_z \qquad （スカラー量）$$

$$\nabla^2 A = i_x \cdot \left(\cdot\frac{\partial^2}{\partial x^2}A_x + \frac{\partial^2}{\partial y^2}A_x + \frac{\partial^2}{\partial z^2}A_x\right) + i_y \cdot \left(\cdot\frac{\partial^2}{\partial x^2}A_y + \frac{\partial^2}{\partial y^2}A_y + \frac{\partial^2}{\partial z^2}A_y\right)$$

$$+ i_z \cdot \left(\cdot\frac{\partial^2}{\partial x^2}A_z + \frac{\partial^2}{\partial y^2}A_z + \frac{\partial^2}{\partial z^2}A_z\right)$$

第**2**章 線形回路網解析

伝送線路や電子回路などは，線形回路網 （Linear Network），特に 2 端子対回路網として解析が進められる．そこで，本章では 2 端子対回路網を線形回路網として解析する手法を説明する．本章の内容は第 3 章で示す伝送線路や第 8 章で示すフィルタなどの特性解析の基礎となる部分であり，「電気回路」，「電子回路」，「複素関数論」などで学んだ知識が必要である．本章の学習目標は，線形回路網の特性解析手法を理解することである．

2.1 テブナンの定理

図 2.1 左図に示すように，複数の電圧源や電流源を含む未知の電気回路から 2 端子が出ており，その開放電圧が v_o，短絡電流が i_s であれば，2 端子からみた内部インピーダンスは $Z_i = \frac{v_o}{i_s}$ で与えられる．このとき，内部回路は，図 2.1 右図に示すように，電圧源 v_o または 電流源 i_s を用いた等価回路で表すことができる．これをテブナンの定理 （Thevenin's Theorem） という．

2.2 2 端子対回路網解析

図 2.2 に示すように，内部回路が不明の一般的な線形回路網（Linear Network）において，1 対の入力端子と出力端子がある回路を 2 端子対回路網 という．このような回路は，図 2.1 の内部電源を外部に出せば図 2.2 に示すようになる．この図において，入力側に交流電源を，出力側にインピーダンス（Impedance）Z の負荷を接続した場合，電圧 v_1，v_2 を目的とすれば，電流 i_1，i_2 の一次結合で表される．

$$v_1 = z_{11} \cdot i_1 + z_{12} \cdot i_2, \qquad v_2 = z_{21} \cdot i_1 + z_{22} \cdot i_2$$

上式の 4 個の定数（インピーダンスに相当）z_{11}，z_{12}，z_{21}，z_{22} は未知であるが，次のようにして求められる．まず，出力側を開放した場合 $i_2 = 0$ であり，このときの電圧・電流を v_1^o，v_2^o，i_1^o とすれば，

$$z_{11} = \frac{v_1^o}{i_1^o}, \qquad z_{21} = \frac{v_2^o}{i_1^o}$$

として求められる．また，短絡した場合 $v_2 = 0$ であり，このときの電圧・電流を v_1^s，i_1^s，i_2^s とすれば，

$$z_{22} = -\frac{z_{21} \cdot i_1^s}{i_2^s} = -\frac{v_2^o \cdot i_1^s}{i_1^o \cdot i_2^s}, \qquad z_{12} = \frac{v_1^s - z_{11} \cdot i_1^s}{i_2^s} = \frac{v_1^s \cdot i_1^o - v_1^o \cdot i_1^s}{i_2^s \cdot i_1^o}$$

で求められる．これらの係数 z_{11}，z_{12}，z_{21}，z_{22} を **インピーダンス（z）パラメータ** （単位は Ω）という．

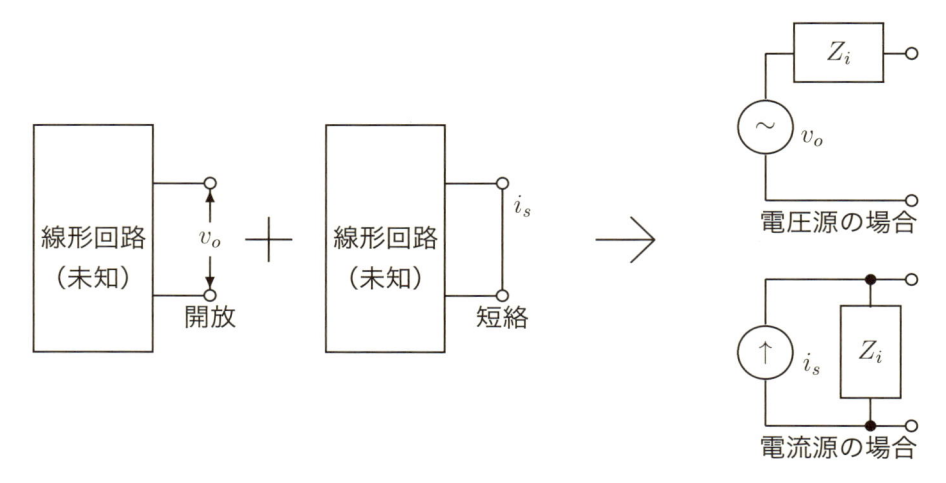

図 2.1　テブナンの定理

図 2.2　線形回路網

　トランジスタの等価回路のように，入力電圧 v_1 および出力電流 i_2 を目的とした場合，次式で表すことができる．

$$v_1 = h_{11} \cdot i_1 + h_{12} \cdot v_2, \qquad i_2 = h_{21} \cdot i_1 + h_{22} \cdot v_2$$

ここで，$h_{11}\,[\Omega] = \frac{v_1}{i_1} = r_{be}$ は 入力インピーダンス，$h_{21} = \frac{i_2}{i_1} = h_{fe}$ は 電流増幅率，$h_{12} = \frac{v_1}{v_2}$ は 帰還率，$h_{22}\,[\Omega^{-1}] = \frac{i_2}{v_2}$ は 出力アドミタンス（Admittance）である．これを h パラメータ という．この内部等価回路は図 2.3 右図に示すようになる．

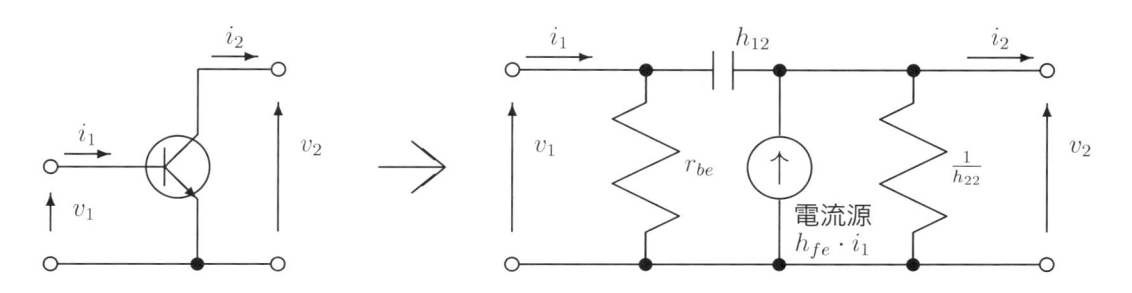

図 2.3　トランジスタの等価回路

2.3　伝達関数

図 2.2 に示す線形回路網の入力側にデルタ関数 信号 $\delta(t)$ （インパルス）を入力したとき，出力側に出力された信号 $h(t)$ は，その回路固有の電気的特性を表している．これをインパルス応答（Impulse Response）という．この線形回路網に入力信号 $f(t) = v_1$ を入力すると，その出力信号 $g(t) = v_2$ は，次のたたみ込み積分（Convolution Integral）で表される．

$$g(t) \;=\; \int_{-\infty}^{\infty} f(x) \cdot h(t-x)dx \;=\; \int_{-\infty}^{\infty} f(t-x) \cdot h(x)dx$$

これを ラプラス変換（Laplase Transform）すると，それぞれのラプラス変換の積 $G(s) = F(s) \cdot H(s)$ となる（付録 A を参照）．ただし，$g(t)$，$f(t)$，$h(t)$ のラプラス変換をそれぞれ $G(s)$，$F(s)$，$H(s)$ とする．入力信号が交流信号 $f(t) = E \cdot e^{j\omega t}$ （j：虚数単位，$\omega = 2\pi f$：角周波数）である場合，インパルス応答のラプラス変換 $H(s)$ において $s = j\omega$ とおき，$g(t) = H(j\omega) \cdot f(t)$ となる．この意味において，$H(j\omega)$ を 伝達関数 という．詳細は第 8 章で述べることにする．

2.4　無限に接続されたカスケード型回路網

伝送線路の場合，内部回路が図 2.4 に示すような T 型 2 端子対回路網が無限に接続されたカスケード型回路 （Cascade Circuit）と考えることができる．この場合，入力側から見たインピーダンスは，Z_0 に等しくなければならない．すなわち，以下の関係が成立する．

$$Z_0 \;=\; \frac{Z_1}{2} + \frac{Z_2 \cdot \left(\frac{Z_1}{2} + Z_0\right)}{\frac{Z_1}{2} + Z_2 + Z_0}$$

これから，Z_0 に関して解くと以下のようになる．

$$Z_0 \;=\; \sqrt{\frac{Z_1^2}{4} + Z_1 Z_2} = \sqrt{Z_1 Z_2 \cdot \left(1 + \frac{Z_1}{4Z_2}\right)}$$

　一方では，入力電流 i_1 と出力電流 i_2，入力電圧 v_1 と出力電圧 v_2 との間に $\frac{i_1}{i_2} = \frac{v_1}{v_2} = e^\gamma$ の関係がある．ここで，γ は複素数 $\gamma = \alpha + j \cdot \beta$（$\alpha$ は減衰 (Attenation) パラメータ，β は位相 (Phase) パラメータ，j は 虚数単位 （Imaginary Unit）であり $j^2 = -1$ ）である．さらに，$Z_2 \cdot (i_1 - i_2) = \frac{Z_1}{2} \cdot i_2 + Z_0 \cdot i_2$ が成立する．これから次式を得る．

$$e^\gamma = \frac{i_1}{i_2} = \frac{\frac{Z_1}{2} + Z_2 + Z_0}{Z_2}, \qquad Z_0^2 = \left(Z_2 \cdot (e^\gamma - 1) - \frac{Z_1}{2} \right)^2 = \frac{Z_1^2}{4} + Z_1 Z_2$$

従って，次式を得る．

$$e^{-\gamma} = \frac{v_2}{v_1} = 1 + \frac{Z_1}{2Z_2} - \sqrt{\left(\frac{Z_1}{2Z_2} \right)^2 + \frac{Z_1}{Z_2}} \qquad (= H(j\,\omega))$$

$$e^\gamma = 1 + \frac{Z_1}{2Z_2} + \sqrt{\left(\frac{Z_1}{2Z_2} \right)^2 + \frac{Z_1}{Z_2}}, \qquad \cosh(\gamma) = \frac{e^\gamma + e^{-\gamma}}{2} = 1 + \frac{Z_1}{2Z_2}$$

$$\sinh \left(\frac{\gamma}{2} \right) = \sqrt{\frac{\cosh(\gamma) - 1}{2}} = \sqrt{\frac{Z_1}{4Z_2}} = \sinh \left(\frac{\alpha}{2} \right) \cdot \cos \left(\frac{\beta}{2} \right) + j \cdot \cosh \left(\frac{\alpha}{2} \right) \cdot \sin \left(\frac{\beta}{2} \right)$$

これから，次の特性を得る．

(1) $\cosh \left(\frac{\alpha}{2} \right) \cdot \sin \left(\frac{\beta}{2} \right) = 0$, $\sinh \left(\frac{\alpha}{2} \right) \cdot \cos \left(\frac{\beta}{2} \right) = \sqrt{\frac{Z_1}{4Z_2}}$ の場合，$\alpha \geq 0$ から $\beta = 4\,n\,\pi$ $(n = 0, 1, 2, \cdots)$ および $\sinh \left(\frac{\alpha}{2} \right) = \sqrt{\frac{Z_1}{4Z_2}}$ となり，条件は，$\frac{Z_1}{4Z_2} > 0$ である．減衰パラメータ α が $\alpha > 0$ であるので 減衰 する．

(2) $\sinh \left(\frac{\alpha}{2} \right) \cdot \cos \left(\frac{\beta}{2} \right) = 0$, $j \cosh \left(\frac{\alpha}{2} \right) \cdot \sin \left(\frac{\beta}{2} \right) = \sqrt{\frac{Z_1}{4Z_2}}$ の場合，

(a)　$\sinh \left(\frac{\alpha}{2} \right) = 0$ とおけば，$\alpha = 0$, $\beta \neq 0$, $j \cdot \sin \left(\frac{\beta}{2} \right) = \sqrt{\frac{Z_1}{4Z_2}}$ となり，この条件は $-1 \leq \frac{Z_1}{4Z_2} \leq 0$ である．減衰パラメータ α が $\alpha = 0$ であるため 減衰 しない．

(b)　$\cos \left(\frac{\beta}{2} \right) = 0$ とおけば，$\alpha \geq 0$, $\beta = (2n-1)\pi$, $j \cdot \cosh \left(\frac{\alpha}{2} \right) = \sqrt{\frac{Z_1}{4Z_2}}$ となり，この条件は $\frac{Z_1}{4Z_2} < -1$ である．減衰パラメータ α が $\alpha > 0$ であるので 減衰 する．

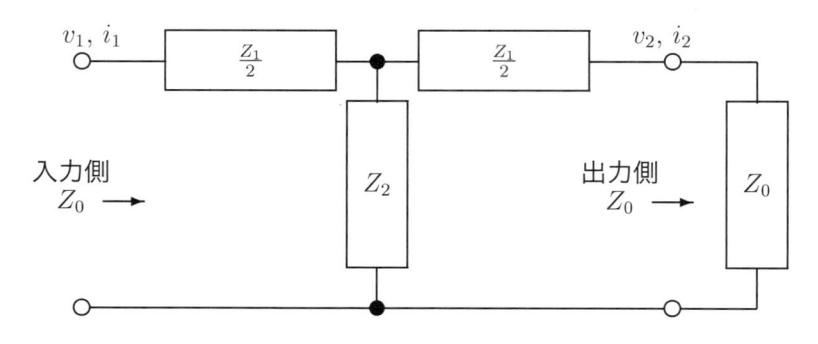

図 2.4　T 型 2 端子対回路網

また，図 2.5 および図 2.6 に示す逆 L 型 2 端子対回路網においても同様の結果を得る．ずなわち，図 2.5 においては以下のようになる．

$$Z_0 = Z_1 + \frac{Z_2 Z_0}{Z_2 + Z_0} \quad \rightarrow \quad Z_0 = \frac{Z_1}{2} + \sqrt{Z_1 Z_2 + \frac{Z_1^2}{4}}$$

$$e^{-\gamma} = \frac{v_2}{v_1} = \frac{Z_2 Z_0}{Z_1 Z_2 + Z_1 Z_0 + Z_2 Z_0} = 1 - \frac{Z_1(Z_2 + Z_0)}{Z_1 Z_2 + Z_1 Z_0 + Z_2 Z_0}$$

$$= 1 - \frac{Z_1}{Z_0} = 1 + \frac{Z_1}{2Z_2} - \frac{1}{Z_2} \cdot \sqrt{Z_1 Z_2 + \frac{Z_1^2}{4}} \qquad (= H(j\omega))$$

$$e^{\gamma} = \frac{v_1}{v_2} = 1 + \frac{Z_1}{2Z_2} + \frac{1}{Z_2} \cdot \sqrt{Z_1 Z_2 + \frac{Z_1^2}{4}}$$

$$\rightarrow \quad \sinh\left(\frac{\gamma}{2}\right) = \sqrt{\frac{\cosh(\gamma) - 1}{2}} = \sqrt{\frac{Z_1}{4Z_2}}$$

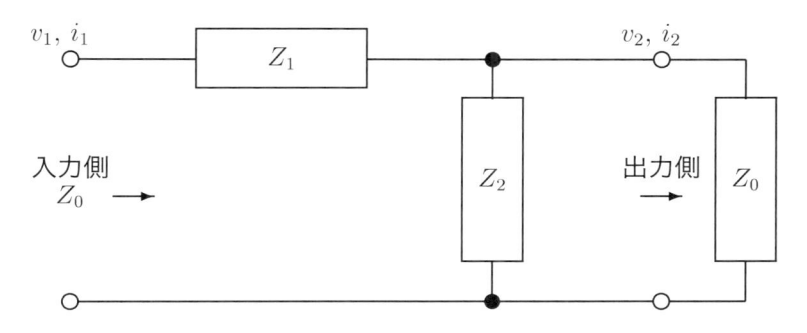

図 2.5　逆 L 型 2 端子対回路網 1

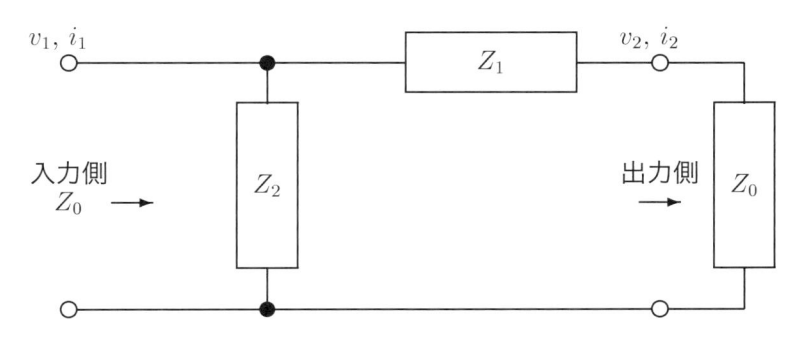

図 2.6　逆 L 型 2 端子対回路網 2

図 2.6 についても同様に以下のようになる．

$$Z_0 = \frac{(Z_1 + Z_0) \cdot Z_2}{Z_1 + Z_2 + Z_0} \quad \rightarrow \quad Z_0 = \sqrt{Z_1 Z_2 + \frac{Z_1^2}{4}} - \frac{Z_1}{2}$$

$$e^{-\gamma} \;=\; \frac{v_2}{v_1} = \frac{Z_0}{Z_1 + Z_0} = 1 + \frac{Z_1}{2Z_2} - \frac{1}{Z_2} \cdot \sqrt{Z_1 Z_2 + \frac{Z_1^2}{4}} \qquad (= H(j\omega))$$

$$e^{\gamma} \;=\; \frac{v_1}{v_2} = 1 + \frac{Z_1}{Z_0} = 1 + \frac{Z_1}{2Z_2} + \frac{1}{Z_2} \cdot \sqrt{Z_1 Z_2 + \frac{Z_1^2}{4}}$$

$$\rightarrow \;\; \sinh\left(\frac{\gamma}{2}\right) = \sqrt{\frac{\cosh(\gamma) - 1}{2}} = \sqrt{\frac{Z_1}{4Z_2}}$$

2.5　デジタルシステム

　コンピュータの普及に伴い，入力信号を一定時間毎（サンプリング時間 という）に AD 変換を行い，コンピュータでフーリエ変換やフィルタなどの処理を行って，再び DA 変換によって出力信号を得る方法が取られるようになった．このようなシステムを デジタルシステム という．

　図 2.2 に示す入力信号 $v_1 = f(t)$ および出力信号 $v_2 = g(t)$ において，一定時間間隔 τ 毎にサンプリングしたデジタル値 $x_n = f(n\tau)$ および $y_n = g(n\tau)$ の $z-$ 変換（付録 A 参照）をそれぞれ次式とおく．

$$X(z) \;=\; x_0 + x_1 \cdot z^1 + x_2 \cdot z^2 + \cdots = \sum_{n=0}^{\infty} x_n \cdot z^n$$

$$Y(z) \;=\; y_0 + y_1 \cdot z^1 + y_2 \cdot z^2 + \cdots = \sum_{n=0}^{\infty} y_n \cdot z^n$$

この場合においても $Y(z) = H(z) \cdot X(z)$ となる．ここで，$H(z)$ は インパルス応答の $z-$ 変換 である．そこで，図 2.7 に示す一般的なデジタルシステムにおける インパルス応答 の $z-$ 変換 $H(z)$ は以下のようにして求める．すなわち，以下の関係が成立する．

$$t_n \;=\; x_n + b_1 \cdot t_{n-1} + b_2 \cdot t_{n-2} + b_3 \cdot t_{n-3} + \cdots + b_k \cdot t_{n-k}$$

$$y_n \;=\; a_0 \cdot t_n + a_1 \cdot t_{n-1} + a_2 \cdot t_{n-2} + a_3 \cdot t_{n-3} + \cdots + a_k \cdot t_{n-k}$$

これらの式の $z-$ 変換 は以下のようになる．

$$
\begin{aligned}
T(z) \;&=\; X(z) + b_1 \cdot z \cdot T(z) + b_2 \cdot z^2 \cdot T(z) + b_3 \cdot z^3 \cdot T(z) + \cdots + b_k \cdot z^k \cdot T(z) \\
&\rightarrow \quad T(z) = \frac{X(z)}{1 - b_1 \cdot z - b_2 \cdot z^2 - b_3 \cdot z^3 - \cdots - b_k \cdot z^k} \\
Y(z) \;&=\; a_0 \cdot T(z) + a_1 \cdot z \cdot T(z) + a_2 \cdot z^2 \cdot T(z) + a_3 \cdot z^3 \cdot T(z) + \cdots + a_k \cdot z^k \cdot T(z) \\
&=\; (a_0 + a_1 \cdot z + a_2 \cdot z^2 + a_3 \cdot z^3 + \cdots + a_k \cdot z^k) \cdot T(z) \\
&=\; \frac{a_0 + a_1 \cdot z + a_2 \cdot z^2 + a_3 \cdot z^3 + \cdots + a_k \cdot z^k}{1 - b_1 \cdot z - b_2 \cdot z^2 - b_3 \cdot z^3 - \cdots - b_k \cdot z^k} \cdot X(z) \;=\; H(z) \cdot X(z)
\end{aligned}
$$

従って，インパルス応答の $z-$変換 $H(z)$ は以下のようになる．

$$H(z) \;=\; \frac{Y(z)}{X(z)} \;=\; \frac{a_0 + a_1 \cdot z + a_2 \cdot z^2 + a_3 \cdot z^3 + \cdots + a_k \cdot z^k}{1 - b_1 \cdot z - b_2 \cdot z^2 - b_3 \cdot z^3 - \cdots - b_k \cdot z^k}$$

ここで，遅延 を意味する z は 1 データ分の 記憶 を，またはデジタルシステムの 内部状態を表す．このようなシステムを IIR（Infinite Impulse Response）システムという．なお，帰還がないシステム（$b_1 = b_2 = \cdots = b_k = 0$）を FIR（Finite Impulse Response）システムという．

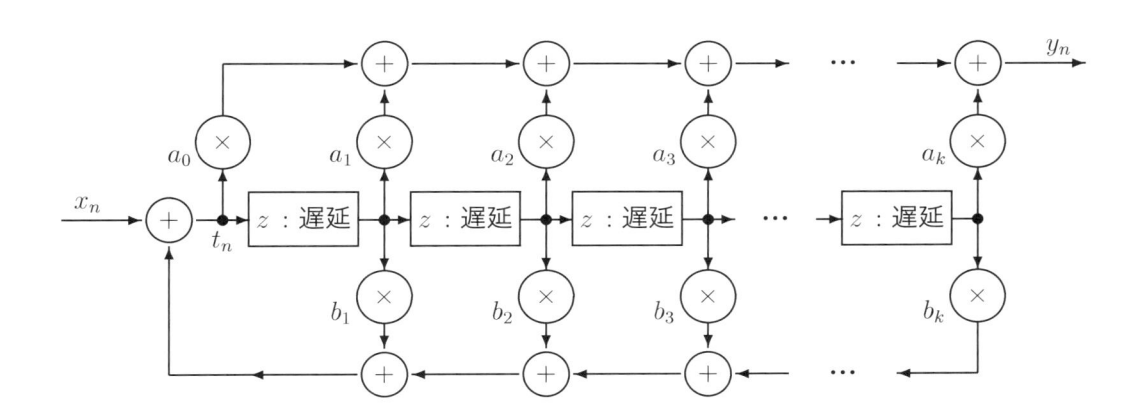

図 2.7　一般的なデジタルシステム（k 段）の構成

練習問題 2

問2.1　図 2.8 は 3 段の CR を用いた 微分型位相回路 である．入力信号 $f(t)$ に対して出力信号 $g(t)$ の位相がちょうど 180 度になる角周波数 ω を求めなさい．

問2.2　問 2.1 と同様，図 2.9 は 3 段の RC を用いた 積分型位相回路 である．入力信号 $f(t)$ に対して出力信号 $g(t)$ の位相がちょうど 180 度になる角周波数 ω を求めなさい．

問2.3　図 2.10 に示すデジタルシステムの インパルス応答 の $z-$変換式 $H(z)$ を求めなさい．さらに，遅延 を 1 個だけにするシステム構成にしなさい．

問2.4　図 2.2 において，電流 i_i および i_2 を目的としたパラメータを求めなさい（このパラメータを g パラメータ という）．

問2.5　h パラメータの係数を z パラメータの係数で表しなさい．

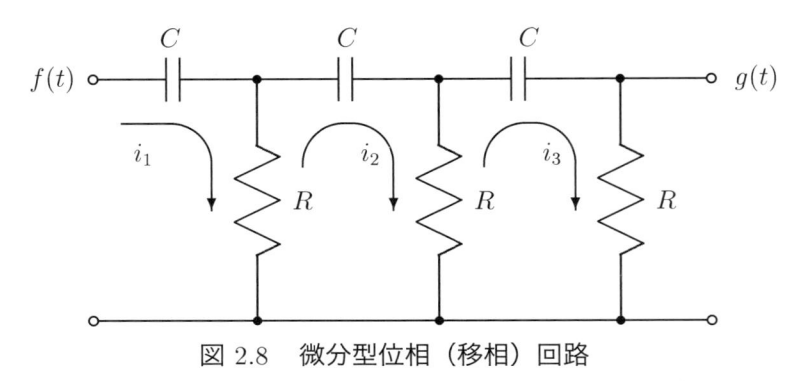

図 2.8 微分型位相（移相）回路

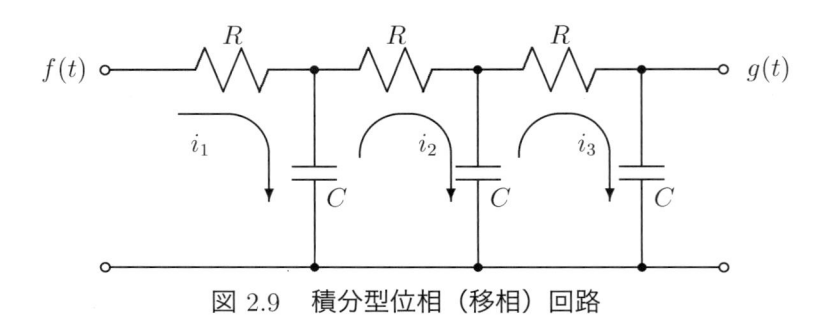

図 2.9 積分型位相（移相）回路

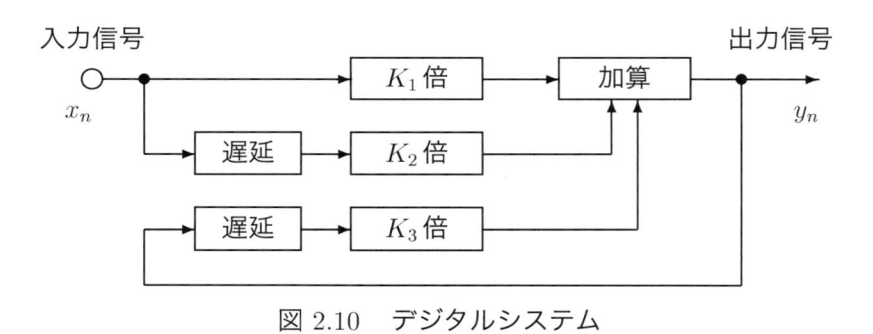

図 2.10 デジタルシステム

第3章　伝送系（伝送線路理論）

本章では，情報を伝送するための同軸ケーブルなどの有線伝送線路を取り扱う．本章の内容は，伝送線路のモデル化を行い，理論的に伝送線路を解析する手法を説明する．また，特性インピーダンスの測定方法や具体的な伝送線路の各パラメータを求める方法を説明する．今回の学習目標は，伝送線路上の電圧・電流の微分方程式を導出できること，伝送線路の各定数を求めること，そして，伝送線路の特性を理解することである．本章の内容を学ぶためには，「電磁気学」，「電気回路」および「複素数」の解析能力を必要とする．

3.1　伝送線路のモデル化

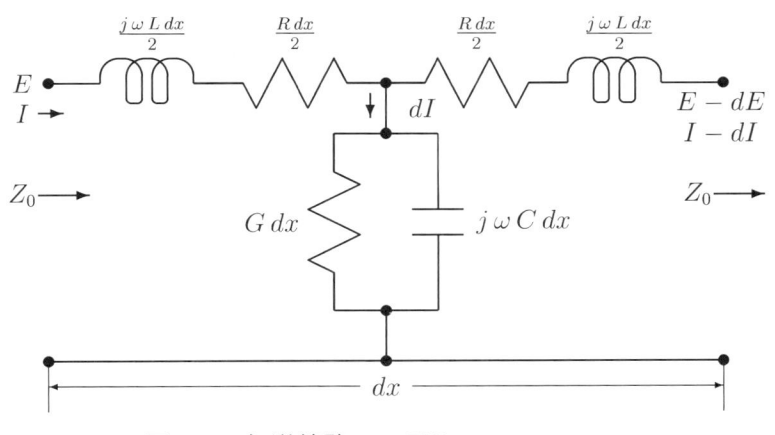

図 3.1　伝送線路のモデル

伝送線路の微小区間 dx での回路モデルは，図 3.1 に示す T 型 2 端子対回路網とすることができる．ここで，図 2.4 に示す回路を 集中定数回路 というのに対して図 3.1 に示す回路を 分布定数回路 という．伝送線路 1 [m] 当たりの Z_1 に対応するインピーダンスを Z $(= R+j\omega L)$ および Z_2 に対応する アドミタンス を Y $(= G+j\omega C)$ とおけば，$Z_1 = Zdx = (R+j\omega L)dx$ および $Z_2 = \frac{1}{Ydx} = \frac{1}{(G+j\omega C)dx}$ となる．ここで，アドミタンスとはインピーダンスの逆数である．また，G は もれコンダクタンス であり，（絶縁）抵抗の逆数である．従って，特性イ

ンピーダンス Z_0 は，前章の式から以下となる．

$$Z_0 = \sqrt{Z_1 Z_2 \cdot \left(1 + \frac{Z_1}{4 Z_2}\right)} = \lim_{dx \to 0} \sqrt{\frac{Z\,dx}{Y\,dx} \cdot \left(1 + \frac{Z\,dx \cdot Y\,dx}{4}\right)} = \sqrt{\frac{Z}{Y}} \quad [\Omega]$$

dx での電圧降下および漏れ電流を dE および dI とおけば，次の関係式を得る．

$$dE = I \cdot Z\,dx, \qquad\qquad dI = E \cdot Y\,dx$$

従って，次の 2 階微分方程式 を得る．

$$\frac{d}{dx}E = Z \cdot I, \qquad\qquad \frac{d}{dx}I = Y \cdot E \quad \rightarrow$$

$$\frac{d^2}{dx^2}E = Z \cdot \frac{d}{dx}I = \frac{d}{dx}ZY \cdot E, \qquad \frac{d^2}{dx^2}I = Y \cdot \frac{d}{dx}E = ZY \cdot I$$

この一般解は，以下のようになる．

$$E\,(= E_x) = A \cdot e^{\gamma x} + B \cdot e^{-\gamma x} = A \cdot \left(e^{\gamma x} + r_c \cdot e^{-\gamma x}\right)$$

$$I\,(= I_x) = \frac{1}{Z} \cdot \frac{d}{dx}E = \frac{A}{Z_0} \cdot \left(e^{\gamma x} - r_c \cdot e^{-\gamma x}\right)$$

ここで，γ は 伝搬係数（Propagation Coefficient）であり，$\gamma = \sqrt{ZY} = \alpha + j\beta$ である．また，A, B は 積分定数 であり，$r_c = \frac{B}{A}$ は 反射係数（Reflection Coefficient）である．さらに，$A \cdot e^{\gamma x}$ は 進行波（Forward Wave）であり，$B \cdot e^{-\gamma x}$ は 反射波（または，後進波（Backward Wave））である．図 3.2(a) に示すように，伝送線路の終端（$x = 0$）に負荷インピーダンス Z_R を接続した場合，この電圧を $E_R\,(= E_0)$，電流を $I_R\,(= I_0)$ とおけば，以下の式を得る．

$$E_R = A \cdot (1 + r_c), \qquad\qquad I_R = \frac{A}{Z_0} \cdot (1 - r_c)$$

$$Z_R = \frac{E_R}{I_R} = \frac{1 + r_c}{1 - r_c} \cdot Z_0, \qquad\qquad A = \frac{E_R}{1 + r_c} = I_R \cdot \frac{Z_R + Z_0}{2}$$

これから，反射係数 r_c は以下のようになる．

$$r_c = \frac{B}{A} = \frac{Z_R - Z_0}{Z_R + Z_0} = D \cdot e^{-j\theta} \qquad\qquad (D = |r_c| \geq 0)$$

また，終端からの任意時点 x でのインピーダンスは以下のようになる．

$$Z_x = \frac{E_x}{I_x} = Z_0 \cdot \frac{e^{\gamma x} + r_c \cdot e^{-\gamma x}}{e^{\gamma x} - r_c \cdot e^{-\gamma x}} = Z_0 \cdot \frac{1 + D \cdot e^{-2\gamma x - j\theta}}{1 - D \cdot e^{-2\gamma x - j\theta}}$$

このインピーダンス Z_x を複素数平面上にマッピングすると，図 3.2 (b) の スミスチャート（Smith Chart）に示すようになる．この図において，もっとも外側の円内に Z_x がマッピン

グされることになる. そして, 実軸は最大電圧時点または最小電圧時点であり, インピーダンス Z_x が純抵抗となっている.

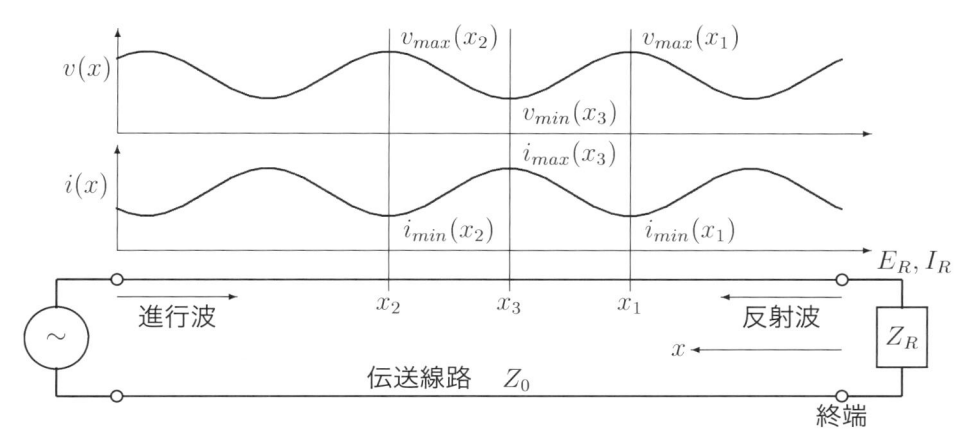

（a） 伝送線路上の定在波

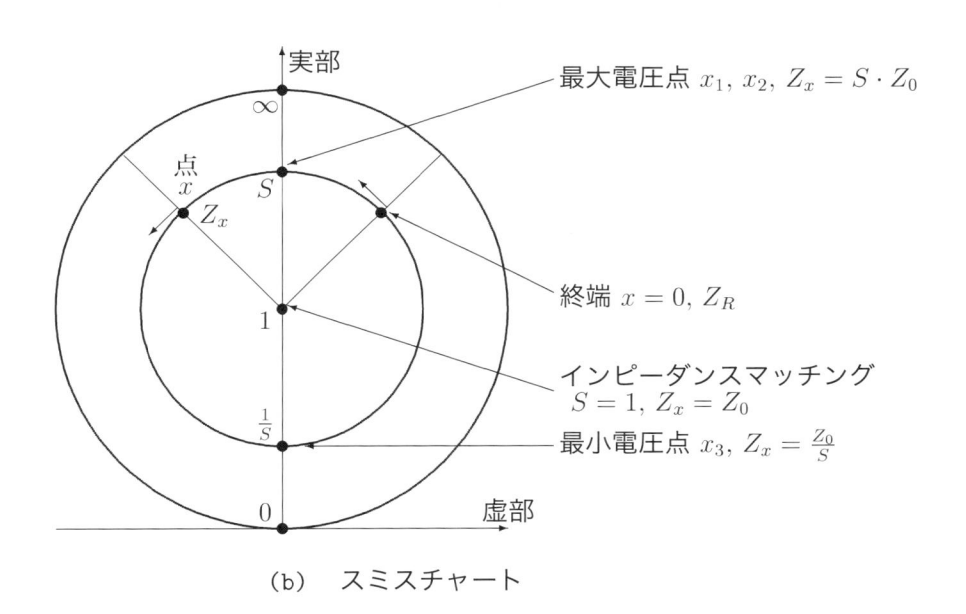

（b） スミスチャート

図 3.2 伝送線路上の定在波とスミスチャート

3.2 インピーダンスマッチング

まず, 伝送線路の終端にインピーダンス $Z_R (\neq Z_0)$ を接続した場合, 図 3.2 (a) に示すように, 伝送線路上に 進行波 $A \cdot e^{\gamma x}$ と 反射波 $B \cdot e^{-\gamma x}$ との合成による波が現れる. この波を 定在波 （Standing Wave） という. ここで, $\alpha = 0$ とおいて, 終端からの距離 x にお

ける電圧 $v(x)$ および電流 $i(x)$ は次式となる．

$$v(x) = |E_x| = A \cdot \sqrt{1 + D^2 + 2D \cdot \cos(2\beta x + \theta)}$$

$$i(x) = |I_x| = \frac{A}{Z_0} \cdot \sqrt{1 + D^2 - 2D \cdot \cos(2\beta x + \theta)}$$

従って，ある距離 x_1 での最大電圧は $\cos(2\beta x_1 + \theta) = 1$ のときであり，$v_{max}(x_1) = A \cdot (1 + D)$ および $2\beta x_1 + \theta = 2n\pi$ である．また，次の距離 $x_2 (> x_1)$ での最大電圧は同様に，$\cos(2\beta x_2 + \theta) = 1$ のときであり，$v_{max}(x_2) = A \cdot (1 + D)$ および $2\beta x_2 + \theta = 2(n+1)\pi$ である．同様に，ほぼ中間の距離 $x_3 (x_2 > x_3 > x_1)$ での最小電圧は $\cos(2\beta x_3 + \theta) = -1$ のときであり，$v_{min}(x_3) = A \cdot (1 - D)$ および $2\beta x_3 + \theta = (2n+1)\pi$ である．波の最大電圧 $v_{max}(x_1)$（または最大電流 $i_{max}(x_3)$）と最小電圧 $v_{min}(x_3)$（または最小電流 $i_{min}(x_1)$）の比 $S = \frac{v_{max}(x_1)}{v_{min}(x_3)} = \frac{i_{max}(x_3)}{i_{min}(x_1)}$ を 定在波比 （SWR: Standing Wave Ratio）という．これから，定在波比 S および 位相パラメータ β は次式となる．

$$S = \frac{v_{max}(x_1)}{v_{min}(x_3)} = \frac{i_{max}(x_3)}{i_{min}(x_1)} = \frac{1 + D}{1 - D}, \qquad \beta = \frac{2\pi}{\lambda'} = \frac{\pi}{|x_2 - x_1|}$$

また，最大電圧のとき電流は最小となり，最小電圧のとき電流は最大となっている．このことは，最大電圧および最小電圧のとき，その時点のインピーダンス Z_x はそれぞれ以下の純抵抗となっている（図 3.2 (b) に示すスミスチャートの実軸）．

$$Z_{max} = \frac{v_{max}(x_1)}{i_{min}(x_1)} = Z_0 \cdot S \quad [\Omega], \qquad Z_{min} = \frac{v_{min}(x_3)}{i_{max}(x_3)} = \frac{Z_0}{S} \quad [\Omega]$$

以上から，$Z_0 = Z_R$ のとき，反射波がなくなり，かつ任意時点でのインピーダンスも $Z_x = Z_0$ となる。また，定在波比 S は最小値 1 となる（図 3.2 (b) に示す円の中心）．このような状態を インピーダンスマッチング （Impedance Matching）という。

3.3　ひずみのない伝送線路

伝搬係数 γ において，$R = G = 0$ （理想状態）は実際にはありえない．そこで，減衰パラメータ α が使用周波数に対して無関係であるための条件を求める．まず，伝搬係数 γ は，以下のようになる．

$$\gamma = \alpha + j\beta = \sqrt{ZY} = \sqrt{(R + j\omega L)(G + j\omega C)}$$
$$= \sqrt{(RG - \omega^2 LC) + j\omega(GL + RC)}$$

これから，α および β を求めると，以下のようになる．

$$\alpha = \sqrt{\frac{RG - \omega^2 LC + \sqrt{(RG - \omega^2 LC)^2 + \omega^2(LG + CR)^2}}{2}} \quad [\text{nepar/m}]$$

$$\beta = \sqrt{\frac{\omega^2 LC - RG + \sqrt{(RG - \omega^2 LC)^2 + \omega^2 (LG + CR)^2}}{2}} \quad [\text{rad/m}]$$

これらの式において，減衰パラメータ α が使用周波数に無関係になるためには，

$$\sqrt{(RG - \omega^2 LC)^2 + \omega^2 (LG + CR)^2} = RG + \omega^2 LC$$

の関係があればよい．従って，以下の関係となる．

$$L^2 G^2 - 2LCRG + C^2 R^2 = (LG - CR)^2 = 0$$

すなわち，$LG = CR$ となる．このとき次式となる．

$$\alpha = \sqrt{RG} = \frac{R}{Z_0}, \qquad \beta = \omega\sqrt{LC}$$

これから，減衰パラメータ α が使用周波数に無関係となるので，ひずみのない伝送線路 (Distortionless Line) となる．そして，この伝送線路の 特性インピーダンス Z_0 は，以下のようになる．

$$Z_0 = \sqrt{\frac{Z}{Y}} = \sqrt{\frac{R + j\omega L}{G + j\omega C}} = \sqrt{\frac{RG + \omega^2 LC + j\omega GL - j\omega RC}{G^2 + \omega^2 C^2}}$$
$$= \sqrt{\frac{\frac{LG^2}{C} + \omega^2 LC}{G^2 + \omega^2 C^2}} = \sqrt{\frac{L}{C}} \quad \left(= \sqrt{\frac{R}{G}}\right) \quad [\Omega]$$

従って，特性インピーダンス Z_0 においても使用周波数に無関係になる．

さらに，真空中での 波長（Wave Length）を λ，伝送線路上での 波長 を λ'，使用周波数 を f，伝搬速度（Propagation Velocity）を v とすれば，$\lambda'(= k \cdot \lambda) = \frac{v}{f}$，$\beta \cdot \lambda' = 2\pi$ となる．これから，伝搬速度 v は $v = \lambda' \cdot f = \frac{2\pi f}{\beta} = \frac{\omega}{\beta}$ となる．従って，次式を得る．

$$v = \lambda' \cdot f = \frac{\omega}{\beta} = \frac{1}{\sqrt{LC}} \quad (= k \cdot \lambda \cdot f = k \cdot c) \quad [\text{m/sec}]$$

ここで，c は 光速度，k は 短縮率，$\omega = 2\pi f$ は 角周波数 である．

3.4　各パラメータの測定

同軸ケーブルの場合，任意時点の電圧を測定することができない．そこで，図 3.3 に示すように，伝送線路の終端を開放，または短絡して得られる反射波を利用する．ここで，開放の場合，終端で電圧反射が起こる．また，短絡の場合電流反射が起こる．入力側において，矩形波を入力すると，矩形波と反射波形の合成によってそれぞれ左側に示す波形となる．十

分長い長さ l の伝送線路において，図 3.3（a）（b）に示すように，矩形波の入力電圧を v_i，反射波形の電圧を v_r とすれば，減衰パラメータ α は以下のようになる．

$$\frac{v_r}{v_i} = e^{-2\alpha l} \qquad \rightarrow \qquad \alpha = \frac{1}{2l} \cdot \log_e \frac{v_i}{v_r} = \sqrt{RG}$$

また，一方において，図 3.3(c) に示すように，終端に可変抵抗を接続し，反射波形がなくなる抵抗を R_L とすると，特性インピーダンス Z_0 に等しく，次式である．

$$Z_0 = R_L = \sqrt{\frac{L}{C}} = \sqrt{\frac{R}{G}}$$

従って，1 [m] あたりの 抵抗成分 R および もれコンダクタンス成分 G は，それぞれ次式で求められる．

$$R = \alpha \cdot Z_0 = \frac{R_L}{2l} \cdot \log_e \frac{v_i}{v_r} \quad [\Omega/\mathrm{m}], \qquad G = \frac{\alpha}{Z_0} = \frac{1}{2l \cdot R_L} \cdot \log_e \frac{v_i}{v_r} \quad [\Omega^{-1}/\mathrm{m}]$$

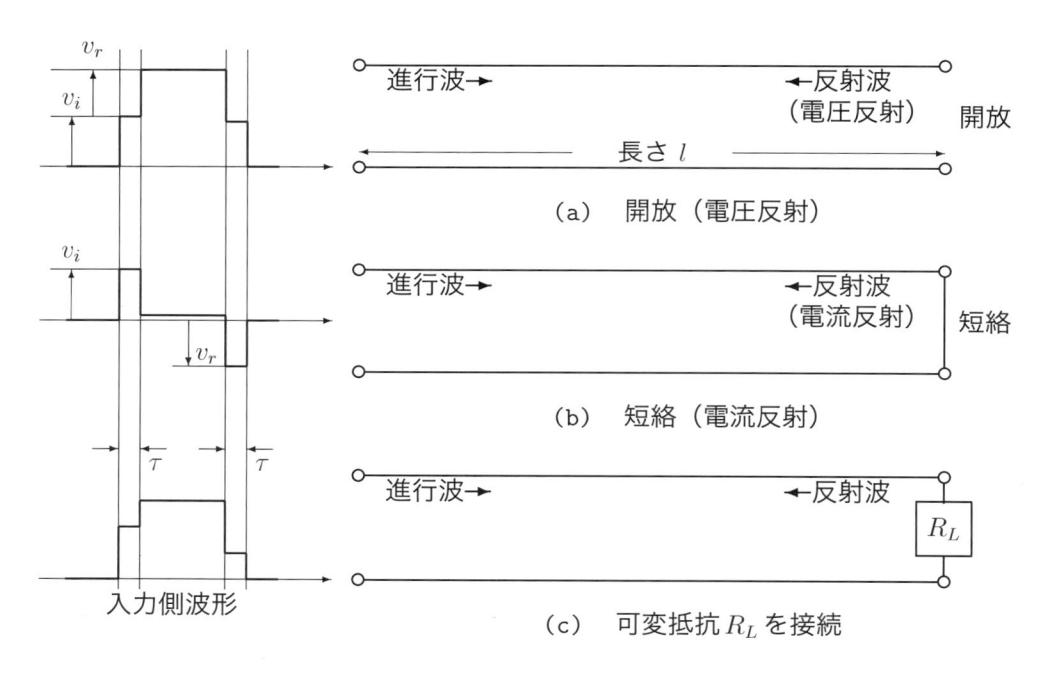

図 3.3　各パラメータの測定法

次に，図 3.3 に示すように，入力波形と反射波形の時間差を τ とすれば，伝搬速度 v は次式となる．

$$v = \frac{1}{\sqrt{LC}} = \frac{2l}{\tau} \quad \left(= \frac{\omega}{\beta} \right) \qquad [\mathrm{m/sec}]$$

従って，1 [m] あたりのコイル成分 L およびコンデンサ成分 C は次式となる．

$$L = \frac{Z_0}{v} = \frac{\tau \cdot R_L}{2l} \quad [\mathrm{H/m}], \qquad C = \frac{1}{Z_0 \cdot v} = \frac{\tau}{2l \cdot R_L} \quad [\mathrm{C/m}]$$

さらに，この方法を利用すると，海底ケーブルなどを引き上げないで，ケーブルの断線や短絡の場所を調査することができる．すなわち，図 3.3 に示すように，入力側に矩形波を入力した場合，(a) のような波形が入力側で観測すれば途中で断線し，(b) の波形であれば短絡していることになる．入力側から断線および短絡の場所までの距離 l は，$l = \frac{v \cdot \tau}{2} = \frac{k \cdot c \cdot \tau}{2}$ [m] となる．ここで，$c = \frac{1}{\sqrt{\mu_0 \epsilon_0}}$ は 光速度 であり，$k \left(\approx \frac{2}{3} \right)$ は 短縮率 である．

3.5 並行 2 線式ケーブルの各パラメータ

図 3.4 に示す平行 2 線式ケーブルにおいて，導線から距離 r の点での磁界 H_r，磁束密度 B_r はそれぞれ次式となる．

$$H_r = \frac{I}{2\pi r}, \qquad B_r = \mu \cdot H_r = \frac{\mu}{2\pi r} \cdot I$$

ここで，I は線路を流れる電流，μ は 透磁率（Magnetic Permeability）である．従って，長さ 1 [m] の導線内での磁束 Λ は，

$$\Lambda = 2 \int_a^{d-a} B_r \, dr = \frac{\mu I}{\pi} \int_a^{d-a} \frac{1}{r} \, dr = \frac{\mu I}{\pi} \cdot \log_e \left(\frac{d-a}{a} \right)$$

であり，長さ 1 [m] のインダクタンス L は，次式となる．

$$L = \frac{\Lambda}{I} \left(= \frac{\Delta \Lambda}{\Delta I} \right) = \frac{\mu}{\pi} \cdot \log_e \left(\frac{d-a}{a} \right) \qquad [\mathrm{H/m}]$$

ここで，$\Delta \Lambda$ および ΔI は磁束 Λ および電流 I の増分を表す．

一方，2 本の導線に電荷 q と $-q$ があるとすれば，2 つの導線の電圧 V は次式となる．

$$V = \int_a^{d-a} \frac{q}{2\pi \epsilon r} dr - \int_a^{d-a} \frac{-q}{2\pi \epsilon r} dr = \frac{q}{\pi \epsilon} \cdot \log_e \left(\frac{d-a}{a} \right) \quad [\mathrm{V}]$$

ここで，ϵ は絶縁体の 誘電率（Permittivity）である．従って，1 [m] 当たりのキャパシタンス C は次式となる．

$$C = \left| \frac{q}{V} \right| = \frac{\pi \epsilon}{\log_e \left(\frac{d-a}{a} \right)} \qquad [\mathrm{F/m}]$$

従って，特性インピーダンス Z_0，位相パラメータ β，伝搬速度 v は以下のようになる．

$$Z_0 = \sqrt{\frac{L}{C}} = \frac{1}{\pi} \cdot \sqrt{\frac{\mu}{\epsilon}} \cdot \log_e \left(\frac{d-a}{a} \right) \qquad [\Omega]$$

$$\beta = \omega \sqrt{LC} = \omega \sqrt{\mu \epsilon} \quad [\mathrm{rad/m}], \qquad v = \frac{\omega}{\beta} = \frac{1}{LC} = \frac{1}{\sqrt{\mu \epsilon}} = k \cdot c \quad [\mathrm{m/sec}]$$

ここで，$c = \frac{1}{\sqrt{\mu_0 \epsilon_0}}$ は 光速度 であり，$k \left(\approx \frac{2}{3} \right)$ は 短縮率 である．なお，ケーブルが真空中にある場合，短縮率は 1 となり，伝搬速度は光速度と同じとなる．また，伝搬できなくなる 遮断周波数（Cutoff Frequency）f_c は，線間 d が共振状態，いわゆる $\frac{1}{2}$ 波長のときであり，以下のようになる．

$$d \approx \frac{\lambda'}{2} = \frac{k \cdot c}{2f_c} \qquad \rightarrow \qquad f_c \approx \frac{k \cdot c}{2d}$$

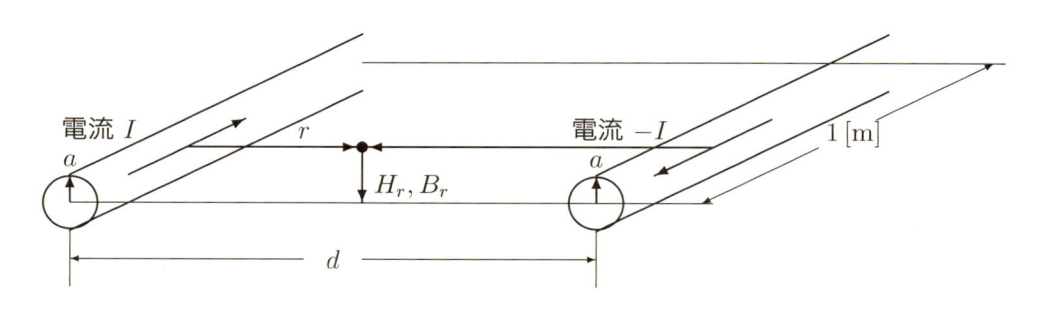

図 3.4　並行 2 線式ケーブル

3.6　同軸ケーブルの各パラメータ

図 3.5 に示す同軸ケーブル（Coaxial Cable）について，$1\,[\text{m}]$ 当たりの内部磁束 Λ は，同様に次式となる．

$$\Lambda = \int_a^b B_r dr = \int_a^b \frac{\mu I}{2\pi r} dr = \frac{\mu I}{2\pi} \cdot \log_e \left(\frac{b}{a} \right)$$

従って，$1\,[\text{m}]$ 当たりのインダクタンス L は次のようになる．

$$L = \frac{\Lambda}{I} \left(= \frac{\Delta\Lambda}{\Delta I} \right) = \frac{\mu}{2\pi} \cdot \log_e \left(\frac{b}{a} \right) \qquad [\text{H/m}]$$

一方，内部導体と外部導体との間の電圧 V は，次式となる．

$$V = \int_a^b \frac{q}{2\pi \epsilon r} dr = \frac{q}{2\pi \epsilon} \cdot \log_e \left(\frac{b}{a} \right) \qquad [\text{V}]$$

従って，$1\,[m]$ 当たりのキャパシタンス C は，次式となる．

$$C = \left| \frac{q}{V} \right| = \frac{2\pi \epsilon}{\log_e \left(\frac{b}{a} \right)} \qquad [\text{F/m}]$$

また，特性インピーダンス Z_0 ，位相パラメータ β，伝搬速度 v は以下のようになる．

$$Z_0 = \sqrt{\frac{L}{C}} = \frac{1}{2\pi} \cdot \sqrt{\frac{\mu}{\epsilon}} \cdot \log_e \left(\frac{b}{a} \right) \qquad [\Omega]$$

$$\beta = \omega\sqrt{LC} = \omega\sqrt{\mu\epsilon} \quad [\text{rad/m}], \qquad v = \frac{\omega}{\beta} = \frac{1}{LC} = \frac{1}{\sqrt{\mu\epsilon}} = k \cdot c \quad [\text{m/sec}]$$

ここで，c は 光速度 であり，$k \left(\approx \frac{2}{3}\right)$ は 短縮率 である．また，伝搬できなくなる 遮断周波数 f_c は，半径 b が $\frac{1}{4}$ 波長のときであり，以下のようになる．

$$b \approx \frac{\lambda'}{4} = \frac{k \cdot c}{4 f_c} \qquad \rightarrow \qquad f_c \approx \frac{k \cdot c}{4 b}$$

図 3.5 　同軸ケーブル

3.7 　電話線ケーブル

電話線ケーブルは平行 2 線式ケーブルであるが，使用周波数が低くかつ導線が細くて長いので，$Z = R \ (\gg \omega L)$ および $Y = j\omega C$ となるケーブルである．このことから CR ケーブルとも呼ばれている．この場合，以下の関係式を得る．

$$Z_0 = \sqrt{\frac{Z}{Y}} = \sqrt{\frac{R}{j\omega C}} = (1 - j) \cdot \sqrt{\frac{R}{2\omega C}}$$

$$\gamma = \alpha + j\beta = \sqrt{ZY} = \sqrt{j\omega C R} = (1 + j) \cdot \sqrt{\frac{\omega C R}{2}}$$

ここで，複素数の平方根は 2 値関数であるため，もう一つ解がある．この解は実数部が負であり，増幅 を意味するため，物理的に有り得ない．従って，実数部が正である値を取ることになる．これから，次式を得る．

$$|\, Z_0 \,| = \sqrt{\frac{R}{\omega C}} \quad [\Omega], \qquad\qquad \alpha = \beta = \sqrt{\frac{\omega C R}{2}},$$

$$v_T = \frac{\omega}{\beta} = \sqrt{\frac{2\omega}{C R}} \qquad\qquad [\mathrm{m/sec}]$$

減衰パラメータ α および 位相パラメータ β が使用周波数に関係するので，家庭用固定電話を介した場合，声の音質が変わることになる．また，電話線ケーブルを利用してパソコン通信を行う場合，FSK（Frequency Shift Keying）や PSK（Phase Shift Keying）（第 7 章参照）を用いる MODEM（Moduration and Demoduraton）などを利用する．この場合，数個

の周波数しか利用しないので，音声のように周波数による減衰の違いや位相のずれを考慮する必要がない．最近では光ファイバケーブルを家まで引き込み家庭用固定電話が IP 電話となっているため，声の音質が変わることはない．

練習問題 3

問3.1　図 3.1（p.17）に示す伝送線路の回路モデルは T 型 2 端子対回路網であるが，図 2.5 および図 2.6（p.13）に示す逆 L 型 2 端子対回路網でモデル化しても同様の結果となることを示しなさい．

問3.2　ひずみのない伝送線路における伝搬係数 α, β を導出しなさい．

問3.3　特性インピーダンスが $50\,[\Omega]$ の同軸ケーブルにおいて，長さ $20\,[\mathrm{m}]$ の同軸ケーブルを用いて図 3.3 (b) の実験を行った．各値を測定した結果，$v_i = 4.8\,[\mathrm{V}]$，$v_r = 4.4\,[\mathrm{V}]$，$\tau = 0.2\,[\mu\mathrm{sec}]$ を得た．このとき，同軸ケーブルの抵抗成分 R，もれコンダクタンス成分 G，コイル成分 L，コンデンサ成分 C，短縮率 k を求めなさい．

問3.4　家庭用電力線を利用して，家庭内インターネットを構築する方法がある．この電力線は図 3.4 に示すような平行 2 線式ケーブルであり，種々の形状のものがある．そこで，一般的な電力線として，$a = 0.8\,[\mathrm{mm}]$，$d = 2.4\,[\mathrm{mm}]$ とした場合の特性インピーダンス Z_0 を求めなさい．ただし，$\sqrt{\frac{\mu}{\epsilon}} \approx 120\pi$（第 4 章で示す 空間の特性インピーダンス）とする．

問3.5　家庭用テレビジョンのアンテナケーブルである同軸ケーブルの特性インピーダンス Z_0 は $75\,[\Omega]$ に設計されている．$\sqrt{\frac{\mu}{\epsilon}} \approx 120\pi$ として，同軸ケーブルの a と b の関係を求めなさい．

問3.6　$100\,[\mathrm{MHz}]$ の搬送波を同軸ケーブルで伝送する場合，伝送線路上での波長および伝搬速度を求めなさい．だだし，短縮率を $k = \frac{2}{3}$ とする．

問3.7　猫のひげ（ウィスカー）を調査し，通信分野に与える影響を示しなさい．

第4章 伝送系（電磁波理論）

　無線伝送系においては電波（電磁波）が用いられている．また，平行2線式ケーブルや同軸ケーブルなどの伝送線路は，伝送できなくなる 遮断周波数 が存在する．これ以上の周波数の信号（電磁波）を伝送する場合，電磁波をある管の中に閉じ込めて伝送する方法がある．この管を 導波管（Wave Guide）という．光も電磁波であるから，光ファイバケーブルも一種の導波管である．本章では，電磁波の理論および特性などを示す．本章の学習目標は，電磁波理論も伝送線路理論と同様に解析できるようになることである．本章の内容を学ぶためには，「電磁気学」および「微分方程式の解法」の知識が必要である．

4.1　電磁波の波長とその分類

　電磁波の波長または周波数による分類は，図 4.1 に示すようになる．図において，ミリ波程度までは導体内部での電子の運動（共振，定在波）によって発生する電磁波であるが，サブミリ波を越えてほぼ可視光線までは，分子の運動や分子内部での 電子準位 の変化によって発生する電磁波である．この領域の電磁波は，分子運動の影響を受けるので，無線通信として利用できない領域である．そこで，影響を受けないように，光ファイバケーブルを用いてレーザ光（電磁波）で通信が行われている．また，γ 線や X 線などの電磁波は，原子の融合や破壊時など原子核内部から発生する電磁波（原子の大きさは約 2 [Å] である）である．さらに，この電磁波を越える電磁波は，理論的には存在し得るが，現在の人間の知識（技術）では検出できない電磁波である．なお，現在国際電気通信条約によって 電波（Electro-Magnetic Wave）と定められている領域は，3×10^3 [GHz] 以下の周波数の電磁波である．また，このような電磁波の真空中の伝搬速度は，光速度（Velocity of Light）に等しく，以下のようになる．

$$c \quad = \quad \frac{1}{\sqrt{\mu_0 \epsilon_0}} \quad = \quad 299,792,458 \approx 3 \times 10^8 \qquad [\text{m/sec}]$$

ここで，ε_0 および μ_0 はそれぞれ真空中の誘電率および透磁率であり，$\varepsilon_0 \approx 1.2566 \times 10^{-6}$ [H/m] および $\mu_0 \approx 8.8542 \times 10^{-12}$ [F/m] である．

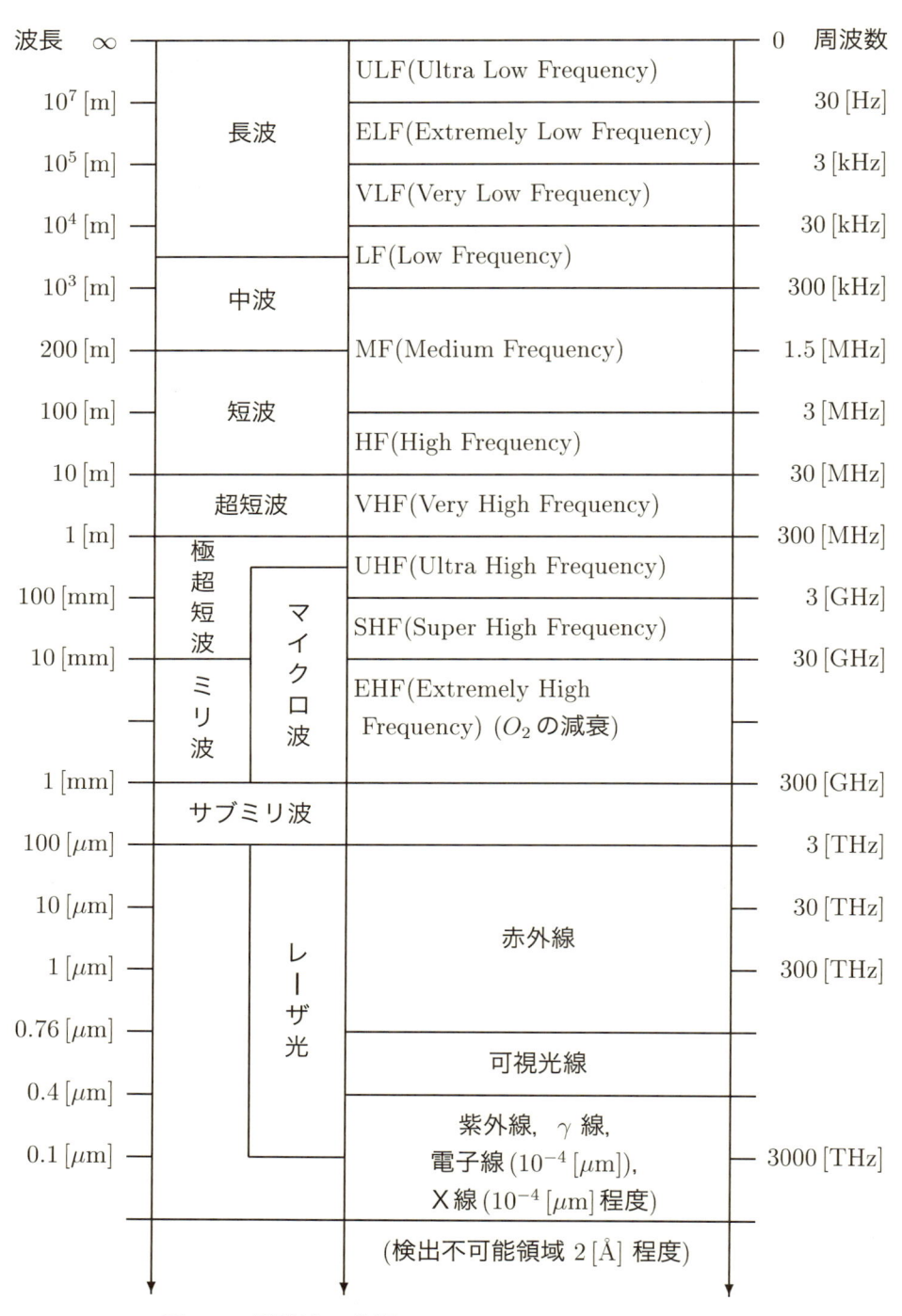

図4.1　電磁波の分類

4.2 マックスウエルの電磁界方程式

マックスウエル（Maxwell）の 電磁界方程式 は以下のようになっている.

$$\nabla \times E = -\mu \cdot \frac{\partial H}{\partial t}, \qquad \nabla \times H = \epsilon \cdot \frac{\partial E}{\partial t} + \sigma \cdot E$$

ここで, E および H は, それぞれ 3 次元座標上の 電界（Electric Field）および 磁界（Magnetic Field）のベクトルである. また, μ, ϵ, σ（以下では, $\sigma = 0$ とする）はそれぞれ空間の 透磁率, 誘電率, 導伝率 である. そして, これらの式は, 磁界 H の時間的変化が 電界 E を生み, 電界 E の時間的変化が 磁界 H を生むことを意味している. この 2 つの式を組み合わせて変形すると, 以下のようになる.

$$-\mu\epsilon \cdot \frac{\partial^2}{\partial t^2} H \;=\; \nabla \times \nabla \times H = \nabla\nabla \cdot H - \nabla^2 H$$

$$-\mu\epsilon \cdot \frac{\partial^2}{\partial t^2} E \;=\; \nabla \times \nabla \times E = \nabla\nabla \cdot E - \nabla^2 E$$

次に, 磁流や電流がない自由空間の場合 $(\nabla \cdot H = \nabla \cdot E = 0)$ かつ E および H が時間的に変化する場合（$e^{-j\omega t}$ の項を持つ）, 以下のように変形される.

$$\nabla^2 H + k^2 \cdot H = 0, \qquad \nabla^2 E + k^2 \cdot E = 0$$

ここで, k は 伝搬係数（Propagation Coefficiency）であり, $k^2 = \omega^2 \mu\epsilon$ である. この一般解について, z 軸方向の電磁波を考えると以下のようになる.

$$E_x \;=\; A \cdot e^{-j(\omega t - k z)} + B \cdot e^{-j(\omega t + k z)}$$

$$H_y \;=\; C \cdot e^{-j(\omega t - k z)} + D \cdot e^{-j(\omega t + k z)}$$

ここで, 前項は 進行波 であり, 後項は 後進波 である. また, A, B, C, D は境界条件で決まる積分定数である. この解において, k は前章の β であるから, 伝搬速度 v は以下となる.

$$v \;=\; \frac{\omega}{\beta} = \frac{\omega}{k} \;=\; \frac{1}{\sqrt{\mu\epsilon}} \qquad [\mathrm{m/sec}]$$

いま, z 軸方向に進む電磁波 $H_y = H_0 \cdot e^{-j(\omega t - k z)}$ とおけば, マックスウエルの方程式

$$\nabla \times E = -\mu \cdot \frac{\partial H}{\partial t}, \qquad \nabla \times H = \epsilon \cdot \frac{\partial E}{\partial t}$$

は次式となる.

$$\nabla \times E = \begin{vmatrix} i_x & i_y & i_z \\ \frac{\partial}{\partial x} & \frac{\partial}{\partial y} & \frac{\partial}{\partial z} \\ E_x & 0 & 0 \end{vmatrix} \;=\; i_y \cdot \frac{\partial}{\partial z} E_x \;=\; i_y \cdot j\omega\mu \cdot H_y$$

$$\nabla \times H = \begin{vmatrix} i_x & i_y & i_z \\ \frac{\partial}{\partial x} & \frac{\partial}{\partial y} & \frac{\partial}{\partial z} \\ 0 & H_y & 0 \end{vmatrix} = -i_x \cdot \frac{\partial}{\partial z} H_y = -i_x \cdot j\,\omega\,\epsilon \cdot E_x$$

ここで，$\frac{\partial}{\partial y} E_x = \frac{\partial}{\partial x} H_y = 0$ である．これから，次の関係式を得る．

$$\frac{\partial E_x}{\partial z} = j\,\omega\,\mu \cdot H_y, \qquad \frac{\partial H_y}{\partial z} = j\,\omega\,\epsilon \cdot E_x$$

前章の伝送線路における電圧 E と電流 I との関係は，

$$\frac{d}{dx} E = Z \cdot I, \qquad \frac{d}{dz} I = Y \cdot E$$

であるから，電磁界と伝送線路との対応関係が成立することが分かる．従って，特性インピーダンス Z_0 は，次式となる．

$$Z_0 = \sqrt{\frac{Z}{Y}} = \sqrt{\frac{j\,\omega\,\mu}{j\,\omega\,\epsilon}} = \sqrt{\frac{\mu}{\epsilon}} \qquad \left(= \sqrt{\frac{|E|}{|H|}} \right) \quad [\Omega]$$

これから Z_0 は 空間の特性インピーダンス と呼ばれ，単位はオーム $[\Omega]$ である．真空中では $Z_0 = 120\pi = 376.6\,[\Omega]$ である．

一方，後式の $\frac{\partial H_y}{\partial z} = j\,\omega\,\epsilon \cdot E_x$ から次式を得る．

$$E_x = \frac{1}{j\,\omega\,\epsilon} \cdot \frac{\partial}{\partial z} H_y = \frac{k}{\omega\,\epsilon} \cdot H_0 \cdot e^{-j(\omega t - k z)} = \frac{k}{\omega\,\epsilon} H_0 \cdot e^{-j(\omega t - k z)} = \frac{\omega \sqrt{\epsilon\,\mu}}{\omega\,\epsilon} \cdot H_y$$

$$= \sqrt{\frac{\mu}{\epsilon}} \cdot H_y = Z_0 \cdot H_y$$

4.3　電磁波の伝搬エネルギー

このような電磁波が伝搬するエネルギー（電力）は以下のようになる．

$$W_E = \epsilon \cdot \frac{E_x^2}{2} \quad [\text{ジュール}/m^2], \qquad W_H = \mu \cdot \frac{H_y^2}{2} \quad [\text{ジュール}/\text{m}^2]$$

そして，$\sqrt{\epsilon} \cdot E_x = \sqrt{\mu} \cdot H_y$ であるから，$W_E = W_H$ である．また，電磁界としてのエネルギーは，次式となる．

$$W = W_E + W_H = \sqrt{\mu\epsilon} \cdot E_x H_y \quad [\text{ジュール}/\text{m}^2]$$

さらに，単位時間当たりのエネルギーは，次式となる．

$$\frac{dW}{dt} = \sqrt{\mu\epsilon} \cdot E_x H_y \cdot \frac{dz}{dt} = \sqrt{\mu\epsilon} \cdot E_x H_y \cdot v$$

従って，$1\,m^2$ 当たり通過する電力 P は，次式で与えられることになる．

$$P = \frac{dW}{dt} = E_x \cdot H_y = E \times H \quad [\text{W}/\text{m}^2]$$

これは，電界および磁界のベクトルの外積 $E \times H$ で求められ，これを ポインチング放射ベクトル という．

4.4 導波管

　導波管には方形型と円形型（特に光ファイバケーブル）がある．一般に自由空間においては電磁波の進行方向に電界と磁界がない．このような電磁波を TEM (Transverse Electro Magnetic) 波という．導波管などのように強制的に電磁波を閉じ込める場合，進行方向に電界や磁界が存在する．電界がある場合を TM (Transverse Magnetic) 波といい，磁界がある場合を TE (Transverse Electric) 波という．また，電界と磁界の両方が存在する場合を T(Transverse) 波という．ここで，図 4.2 に示す方形型の導波管の TM 波（ TM_{mn} 波）について，その特性などを示す．光ファイバケーブル（円形導波管）においては結果だけを示し，どのように電磁波が伝搬しているかを示す．

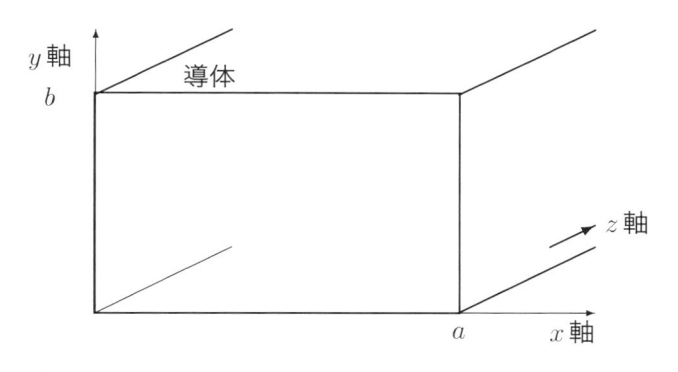

図 4.2　方形導波管

(a)　方形導波管 TM_{mn}

　電磁界の進行方向 z に対して，すべての電界・磁界の変化を $e^{-\gamma z} \cdot e^{j\omega t}$（$\gamma$ は z 方向の伝搬係数）と考える．このとき，マックスウエルの電磁界方程式 は以下のようになる．

$$\frac{\partial H_z}{\partial y} + \gamma \cdot H_y = (\sigma + j\omega\epsilon) \cdot E_x, \qquad -\gamma \cdot H_x - \frac{\partial H_z}{\partial x} = (\sigma + j\omega\epsilon) \cdot E_y,$$

$$\frac{\partial H_y}{\partial x} - \frac{\partial H_x}{\partial y} = (\sigma + j\omega\epsilon) \cdot E_z, \qquad \frac{\partial E_z}{\partial y} + \gamma \cdot E_y = -j\omega\mu \cdot H_x,$$

$$-\gamma \cdot E_x - \frac{\partial E_z}{\partial x} = -j\omega\mu \cdot H_y, \qquad \frac{\partial E_y}{\partial x} - \frac{\partial E_x}{\partial y} = -j\omega\mu \cdot H_z$$

ここで，μ, ϵ, σ はそれぞれ導波管内の 透磁率, 誘電率, 導伝率である．いま，TM_{mn} 波を考えているので，$\sigma = 0$，$H_z = 0$ とおく．このとき，上の式は以下のように置き換えられる．

$$\gamma \cdot H_y = j\omega\epsilon \cdot E_x, \qquad -\gamma \cdot H_x = j\omega\epsilon \cdot E_y,$$

$$\frac{\partial H_y}{\partial x} - \frac{\partial H_x}{\partial y} = j\,\omega\,\epsilon \cdot E_z, \qquad \frac{\partial E_z}{\partial y} + \gamma \cdot E_y = -j\,\omega\,\mu \cdot H_x,$$

$$-\gamma \cdot E_x - \frac{\partial E_z}{\partial x} = -j\,\omega\,\mu \cdot H_y, \qquad \frac{\partial E_y}{\partial x} - \frac{\partial E_x}{\partial y} = 0$$

これから，　E_z に関する方程式を導出すると以下のようになる．

$$\frac{\partial E_y}{\partial x} - \frac{\partial E_x}{\partial y} = -\frac{\gamma}{j\,\omega\,\varepsilon} \cdot \frac{\partial H_x}{\partial x} - \frac{\gamma}{j\,\omega\,\varepsilon} \cdot \frac{\partial H_y}{\partial y} = -\frac{\gamma}{j\,\omega\,\varepsilon} \cdot \left(\frac{\partial H_x}{\partial x} + \frac{\partial H_y}{\partial y} \right) = 0$$

$$\frac{\partial E_x}{\partial x} + \frac{\partial E_y}{\partial y} = \frac{\gamma}{j\,\omega\,\varepsilon} \cdot \frac{\partial H_y}{\partial x} - \frac{\gamma}{j\,\omega\,\varepsilon} \frac{\partial H_x}{\partial y} = \frac{\gamma}{j\,\omega\,\varepsilon} \cdot \left(\frac{\partial H_y}{\partial x} - \frac{\partial H_x}{\partial y} \right) = \gamma$$

$$\frac{\partial H_y}{\partial x} - \frac{\partial H_x}{\partial y} = \frac{\gamma}{j\,\omega\,\mu} \cdot \frac{\partial E_x}{\partial x} + \frac{1}{j\,\omega\,\mu} \cdot \frac{\partial^2 E_z}{\partial x^2} + \frac{1}{j\,\omega\,\mu} \cdot \frac{\partial^2 E_z}{\partial y^2} + \frac{\gamma}{j\,\omega\,\mu} \cdot \frac{\partial E_y}{\partial y}$$

$$= \frac{1}{j\,\omega\,\mu} \cdot \left(\frac{\partial^2 E_z}{\partial x^2} + \frac{\partial^2 E_z}{\partial y^2} + \gamma^2 \right) = j\,\omega\,\varepsilon E_z$$

$$\rightarrow \quad \frac{\partial^2 E_z}{\partial x^2} + \frac{\partial^2 E_z}{\partial y^2} = -(\gamma^2 + \omega^2\,\mu\,\epsilon) \cdot E_z$$

この一般解に $x = 0$ ，　$y = 0$ ，　$x = a$ ，　$y = b$ でこの電界 E_z が 0 でなければならないという 境界条件 を入れると以下のようになる．

$$E_z = E_0 \cdot \sin\left(\frac{m\,\pi\,x}{a} \right) \cdot \sin\left(\frac{n\,\pi\,y}{b} \right) \cdot e^{-\gamma z} \cdot e^{j\,\omega\,t}$$

$$\left(\frac{m\,\pi}{a} \right)^2 + \left(\frac{n\,\pi}{b} \right)^2 = \gamma^2 + \omega^2\,\mu\,\epsilon$$

後の式から，$\left(\frac{m\pi}{a} \right)^2 + \left(\frac{n\pi}{b} \right)^2 > \omega^2\,\mu\,\epsilon$ であれば，　伝搬係数 γ が正の実数となるので 減衰 となる．また，$\omega^2\,\mu\,\epsilon \geq \left(\frac{m\pi}{a} \right)^2 + \left(\frac{n\pi}{b} \right)^2$ であれば，$\gamma = j\,\beta_{mn} = j\,\sqrt{\omega^2\,\mu\,\epsilon - \left(\frac{m\pi}{a} \right)^2 - \left(\frac{n\pi}{b} \right)^2}$ の 純虚数 となるので減衰しないで 伝搬 することになり，導波管として電磁波を伝搬できる．従って，この導波管において伝搬できなくなる 遮断周波数 f_c は次式となる．

$$f_c = \frac{\omega_c}{2\,\pi} = \sqrt{\frac{\left(\frac{m}{a} \right)^2 + \left(\frac{n}{b} \right)^2}{\mu\,\epsilon}}$$

この場合の波長 λ_c は，以下のようになる．

$$\lambda_c = \frac{v}{f_c} = \frac{1}{\sqrt{\left(\frac{m}{a} \right)^2 + \left(\frac{n}{b} \right)^2}}$$

さらに，他の電界・磁界については同様に求めることができ，以下のようになる．

$$H_x = \frac{n\,\pi}{b} \cdot \frac{j\,\omega\,\epsilon}{\omega_c^2\,\mu\,\epsilon} \cdot E_0 \cdot \sin\left(\frac{m\,\pi\,x}{a} \right) \cdot \cos\left(\frac{n\,\pi\,y}{b} \right) \cdot e^{-j\beta_{mn}z} \cdot e^{j\,\omega\,t}$$

$$H_y = -\frac{m\,\pi}{a} \cdot \frac{j\,\omega\,\epsilon}{\omega_c^2\,\mu\,\epsilon} \cdot E_0 \cdot \cos\left(\frac{m\,\pi\,x}{a} \right) \cdot \sin\left(\frac{n\,\pi\,y}{b} \right) \cdot e^{-j\beta_{mn}z} \cdot e^{j\,\omega\,t}$$

$$H_z = 0$$

$$E_x = -\frac{m\pi}{a} \cdot \frac{j\beta_{mn}}{\omega_c^2 \mu\epsilon} \cdot E_0 \cdot \cos\left(\frac{m\pi x}{a}\right) \cdot \sin\left(\frac{n\pi y}{b}\right) \cdot e^{-j\beta_{mn}z} \cdot e^{j\omega t}$$

$$E_y = -\frac{n\pi}{b} \cdot \frac{j\beta_{mn}}{\omega_c^2 \mu\epsilon} \cdot E_0 \cdot \sin\left(\frac{m\pi x}{a}\right) \cdot \cos\left(\frac{n\pi y}{b}\right) \cdot e^{-j\beta_{mn}z} \cdot e^{j\omega t}$$

$$E_z = E_0 \cdot \sin\left(\frac{m\pi x}{a}\right) \cdot \sin\left(\frac{n\pi y}{b}\right) \cdot e^{-j\beta_{mn}z} \cdot e^{j\omega t}$$

ここで，$\omega_c = 2\pi f_c$ である．また，この場合の特性インピーダンス $Z_{0(TM)}$ は，以下のようになる．

$$Z_{0(TM)} = \frac{|E|}{|H|} = \sqrt{\frac{E_x^2 + E_y^2}{H_x^2 + H_y^2}} = \frac{\beta_{mn}}{\omega\epsilon} \qquad [\Omega]$$

以上のようにして，導波管での電磁波特性が求められることになる．方形導波管 TE_{mn} 波についても同様に求まる．

(b) 光ファイバケーブル（円形導波管）

光ファイバケーブルは，中心部（コア）に屈折率の高いガラスがあり，その外（クラッド）に屈折率の低いガラスが取り巻く構造となっている．このような構造であると，コア部に入力されたレーザ光は，完全反射を繰り返しながらコア部を伝搬していく．従って，円形導波管と同様，電磁波（光）をコア内に閉じ込めて（完全反射させながら）伝搬していく．まず，半径 b のコア部について，TM 波は以下のようになる．

$$E_z = E_0 \cdot J_n(rD) \cdot \cos(n\phi) \cdot e^{-\gamma z} \cdot e^{j\omega t}$$

$$E_r = -\frac{\gamma}{D} \cdot E_0 \cdot J_n'(rD) \cdot \cos(n\phi) \cdot e^{-\gamma z} \cdot e^{j\omega t}$$

$$E_\phi = \frac{n\gamma}{rD} \cdot E_0 \cdot J_n'(rD) \cdot \sin(n\phi) \cdot e^{-\gamma z} \cdot e^{j\omega t}$$

$$H_r = -j\frac{n\omega\mu}{rD} \cdot E_0 \cdot J_n(rD) \cdot \sin(n\phi) \cdot e^{-\gamma z} \cdot e^{j\omega t}$$

$$H_\phi = -j\frac{\omega\mu}{D} \cdot E_0 \cdot J_n(rD) \cdot \cos(n\phi) \cdot e^{-\gamma z} \cdot e^{j\omega t}$$

$$H_z = 0$$

ここで，$J_n(x)$ は n 次ベッセル関数であり，$J_n'(x)$ はその微分である．また，$D = \sqrt{\gamma^2 + \omega^2\mu\epsilon}$ であり，伝搬係数 γ は次式である．

$$\gamma_{mn} \quad (=\gamma) = \sqrt{\left(\frac{\tau_{mn}}{b}\right)^2 - \omega^2\mu\varepsilon}$$

ここで，τ_{mn} は，m 番目に $J_n(bD) = 0$ となるときの $\tau_{mn} = bD$ である．コア部の半径 b が大きいと複数のモード（$m = 0, 1, 2, \cdots$）の電磁波（光）が伝送され，光ファイバケーブル長が長ければ受信側においてモードの違う電磁波の伝送経路が異なり，位相が異なること

になるので，長距離伝送には不向きである．せいぜい数 km 程度である．そこで，コア部の半径を小さくして，$m = 0$ のモード（シングルモード光ファイバケーブル）だけ伝送するようにすれば，数十 km の長距離伝送が可能となる．なお，TE 波についても同様の方法で求められる．

4.5　アンテナ

アンテナ（Antenna: 空中線 という）には，電波の波長が長い場合空間に導線を張る方法と，波長が短い場合立体的な構造がある．前者のアンテナは，図 4.3 に示すように，長波通信，中波放送，短波放送などに用いられる微小アンテナ (a)，$\frac{1}{4}$ 波長アンテナ (b)，半波長（$\frac{\lambda}{2}$）ダイポールアンテナ (c)，折り返しダイポールアンテナ (d) などがある．図において，(b)，(c)，(d) のアンテナは導線上での 定在波（共振）によって，電波が放出される．また，○ は 給電点 であり，この点でのアンテナインピーダンスは，(b) (c) の場合 $75\,[\Omega]$，(d) の場合 $300\,[\Omega]$ である．微小アンテナにおいては，アンテナの長さによって異なる．そして，このインピーダンスに合うように給電線を選ぶ必要がある．

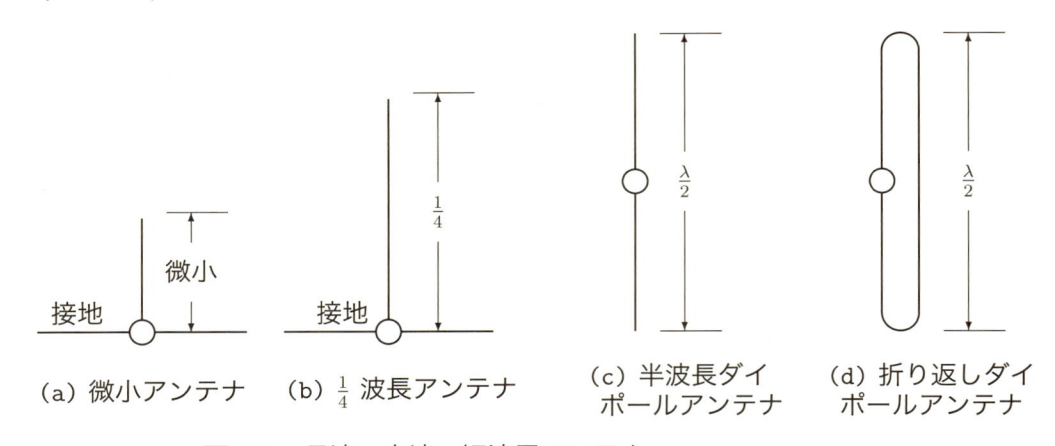

図 4.3　長波・中波・短波用アンテナ

次に，後者の立体的なアンテナには，大きく分けて FM 放送やテレビジョン放送などに用いられる超短波（VHF）・極超短波（UHF）用と，衛星放送・マイクロ波回線などに用いられるミリ波やマイクロ波用がある．超短波・極超短波の送信用アンテナには，図 4.4 (a) に示す蝙蝠（こうもり）の羽のようなバットウイングアンテナを東西南北に配置して水平偏波放射にするとともに，水平指向性をほぼ一様にできる．さらに，上下に配置して垂直面指向性を地表面方向に鋭くすることができる．また，ミリ波・マイクロ波用には，パラボラアンテナやホーンアンテナなどの反射型，誘電体レンズやメタルレンズなどの電波レンズを

用いる通過型がある．図 4.4 (b) に示す八木・宇田アンテナは図のように数本の線状導体を用いる．受信導体の前にある導波器は，$\frac{1}{2}$ 波長より短く，電波の位相が進み，コンデンサのように働く．後ろにある反射器は，$\frac{1}{2}$ 波長より長く，電波の位相が遅れ，コイルのように働く．従って，受信導体での電波の大きさは，この導波器や反射器がない場合に比べ大きくなる．

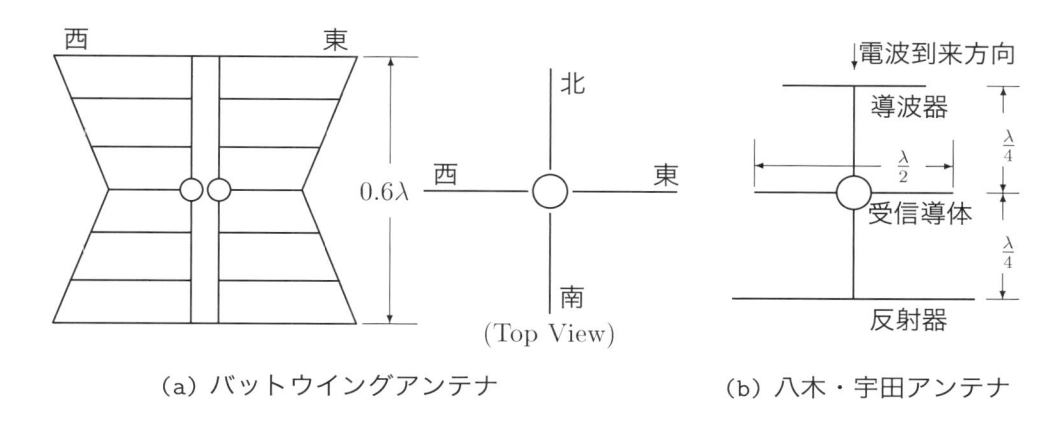

（a）バットウイングアンテナ   （b）八木・宇田アンテナ

図 4.4 　超短波・極超短波アンテナ

4.6 　アンテナからの電磁界放射

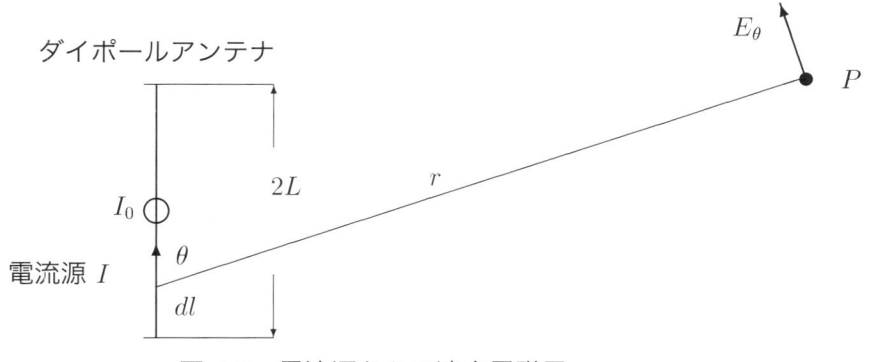

図 4.5 　電流源からの遠方電磁界

　図 4.5 に示すように，電流源 I の微小長 dl からの電磁界放射において，r 離れた遠方 P の電界 E_θ は次式となる（詳細な導出方法は参考文献 [1] などの専門書を参照）．

$$E_\theta \; = \; j\,I\,dl\sqrt{\frac{\mu}{\epsilon}} \cdot \frac{k \cdot \sin(\theta)}{4\,\pi\,r} \cdot e^{j\,(\omega\,t - k\,r)} \; \approx \; j\,30 \cdot I\,dl \cdot \frac{k \cdot \sin(\theta)}{r} \cdot e^{j\,(\omega\,t - k\,r)}$$

従って，半波長ダイポールアンテナからの電磁界放射は以下のようになる．

$$E_\theta \approx \int_{-L}^{L} j\,30 \cdot I_0 \cdot \frac{k \cdot \sin(\theta) \cdot \sin\{k\,(L - |z|)\}}{r - z \cdot \sin(\theta)} \cdot e^{j\,(\omega\,t - k\,r)} dz$$

$$= j\,60 \cdot \frac{I_0}{r} \cdot \frac{\cos\{\frac{\pi}{2} \cdot \cos(\theta)\}}{\sin(\theta)} \cdot e^{j\,(\omega\,t - k\,r)} = j\,60 \cdot \frac{I_0}{r} \cdot D(\theta) \cdot e^{j\,(\omega\,t - k\,r)} \quad [\text{V/m}]$$

ここで，$D(\theta)$ は半波長ダイポールアンテナの 指向性 を示す項であり，次式である．

$$D(\theta) = \frac{\cos\{\frac{\pi}{2} \cdot \cos(\theta)\}}{\sin(\theta)}$$

4.7　電波伝搬と電離層

中波用（AM ラジオ）送信アンテナは図 4.3（b）であり，これから放射される電波は電界成分が大地に垂直な 垂直偏波である．そして，図 4.6 に示すように，地表を進む電波は，地表の誘電率 ε や透磁率 μ が大きいので伝搬速度 $v = \frac{1}{\sqrt{\varepsilon\,\mu}}$ が遅くなる．このため，大地に入り込むように曲げられ，這うように伝搬する．ある角度に放射された電波はもっとも遠くに到達する．その領域を サービスエリア という．その角度以上の上方に放射された電波は，大地の方には曲げられず，上方へ伝搬し，図 4.7 に示す電離層によって反射し，遠方へと伝搬する．ここで，図 4.7 に示す電離層のように，約 80 [km] 上空にできる D 層（夜間消滅）は長波帯電波（約 300 [kHz] 以下）を反射し，通過する中波帯電波は減衰する．100 [km] ～120 [km] 上空にできる E 層は 1.5 [MHz] 以下の電波を反射する．夜間では，D 層が消滅するので，中波帯電波が E 層で反射し，昼間は届かない遠方に伝搬することになる．

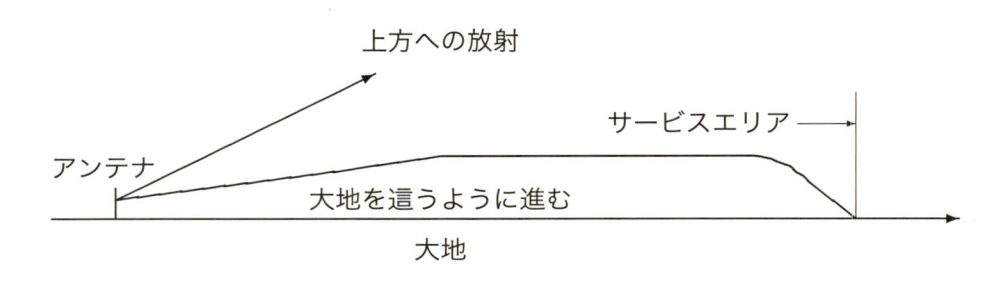

図 4.6　電波伝搬

また，170 [km]～230 [km] 上空にできる F1 層は短波 3 [MHz] 以下の電波を，200 [km]～500 [km] 上空にできる F2 層は短波 30 [MHz] 以下の電波を反射する．この短波帯電波を用いると，電離層 F1 および F2 と大地との反射を繰り返して，地球の裏側との情報交換ができる．ただし，複数の経路（マルチパス という）ができるので，電波の強弱（フェージン

グ という）が起こる欠点がある．さらに，夏場の太陽活動が活発なとき，約 100 [km] 上空に高密度の電離層（スポラディック E 層 という）が発生し，30 [MHz]〜150 [MHz] の電波（VHF 帯電波の一部）を反射し，普段は聞こえることがない遠方の FM ラジオ放送を受信することがある．アマチュア無線では，このスポラディック E 層を利用して，アマチュア無線用に割り与えられた 50 [MHz] 帯電波や 144 [MHz] 帯電波を利用して，通常届かない遠方の仲間と通信することがよくある．

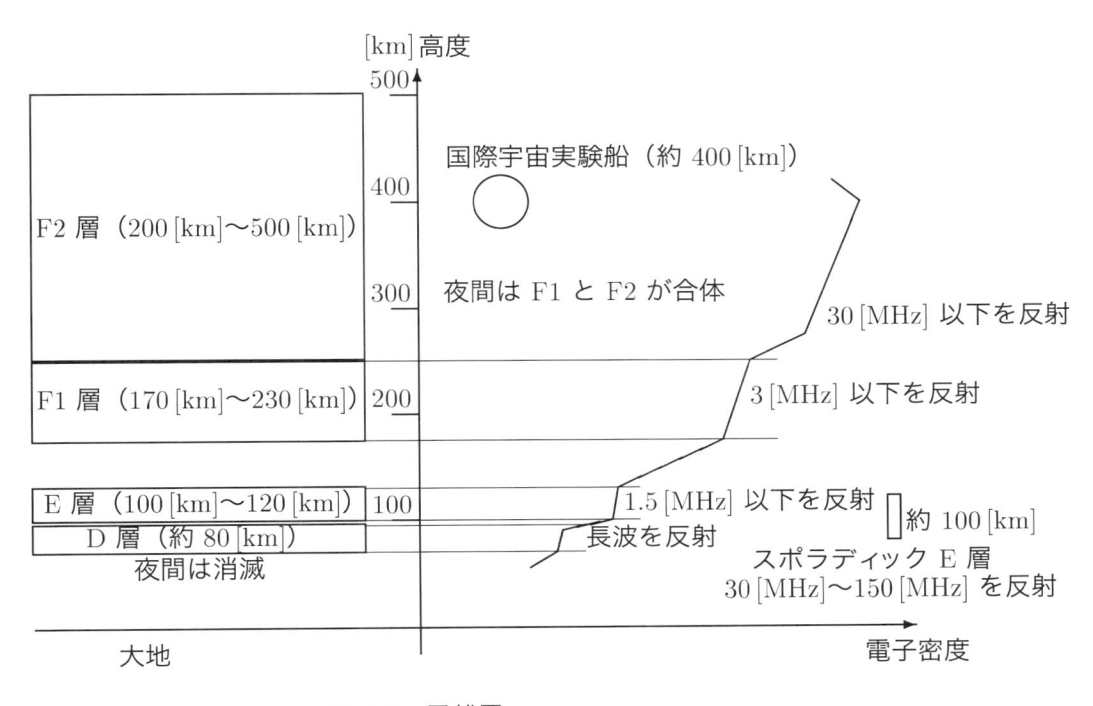

図 4.7　電離層

VHF 帯電波（30 [MHz]〜300 [MHz]）および UHF 帯電波（300 [MHz]〜3 [GHz]）における送信アンテナは図 4.3 (c)(d) や図 4.4 に示すアンテナが用いられる．FM ラジオ放送やテレビジョン放送では，電波の電界成分が大地に対し水平（水平偏波 という）にするとともに，図 4.4 のアンテナを複数用いて（アンテナアレー という）水平面指向性が一様，かつ垂直面指向性が地上方向に鋭くなるようにする．水平偏波を用いる理由は，図 4.6 のように地上に入り込むように曲げられた電波は大地によって反射され，垂直偏波より遠方に伝搬するからである．コミュニティ FM 放送や防災無線などのように，ただ単に水平面指向性を一様にするのであれば，図 4.3 (c) に示すダイポールアンテナを垂直に配置すればよい．

　さらに，現在（2018 年）は報告にとどまっているが，大規模地震発生の数日前からスポラディック E 層付近に影響を与え，FM ラジオ放送（アンテナ放射電力 100 [W] 〜 500 [W]）

の電波を散乱させるという現象（前兆現象）が観測されている（参考文献 [2] を参照）．この現象は，マグニチュード 5（M5）以上の大規模地震発生前から断層において岩石が割れ，それによって落雷以上の電流が流れ，その上空のスポラディック E 層付近の電子密度が上昇し，FM ラジオ放送波を散乱させるのではないかと考えられる．雑音レベルの散乱波であるから，震源地からある半径以内のどこの地点でも雑音の上昇として観測できる．この雑音レベルは，基本的にある極大値を取り，しだいに減少し，静穏期に入って数日後に大規模地震発生となる．2011 年 3 月 11 日に発生した東日本大震災レベルになると，通常届かない遠方の FM ラジオ放送波を受信する．この場合，送信所と受信機との線上に震源地がある．また，山陰などで通常届かない VHF 帯電波や UHF 帯電波が，誘電率や透磁率が増加して山頂付近で曲げられ，地震発生の数日前から受信されるという現象も認められている．この場合，規模の小さい地震においても観測されるという（参考文献 [3] を参照）．これらを観測することによって，大規模地震発生の予知を行っているグループがある．今後の検証を待ちたい．

練習問題 4

問 4.1　自由空間において，z 方向に進む電磁波は以下のように表される．

$$\frac{dE_x}{dz} = j\omega\mu \cdot H_y, \qquad \frac{dH_y}{dz} = j\omega\epsilon \cdot E_x$$

これから電界 E_x および磁界 H_y の一般解を求めなさい．次に，電磁波の進む方向に垂直に導体板がおかれていた場合，その導体板からの距離 r での電界 E_x および磁界 H_y における積分定数を求めなさい．

問 4.2　方形導波管において，TE_{mn} 波を求めなさい．

問 4.3　円形導波管において，TM 波における $n = 0$ の場合を求めなさい．

問 4.4　次の電波を用いるアンテナを作りたい．アンテナ構造（寸法を含む）を示しなさい．
(1)　1 [MHz]　　　　(2)　21 [MHz]　　　　(3)　600 [MHz]　　　　(4)　3 [GHz]

問 4.5　ベッセル関数 $J_n(z)$ の数表を作成したい．下の式を利用して，有効桁数 4 桁で計算する C 言語プログラムを作成しなさい．ただし，n は 0〜4 とする．

$$J_n(z) = \frac{1}{2\pi}\int_0^{2\pi}\cos\{n\theta - z\cdot\sin(\theta)\}d\theta$$

第5章 送信系・受信系（フーリエ変換）

　音声などの信号は，いろいろな周波数の合成で作られている．このため，このような信号を周波数に分解することをスペクトル分解または フーリエ級数展開（Fourier Series）と言う．このフーリエ級数展開の必要性は，電波で音声やデジタル信号を送信する場合，その周波数成分が電波の周波数帯域として現れるからである（変調方式で記述）．また，孤立波を周波数スペクトルに変換することを フーリエ変換（Fourier Transform）と言う．本章の学習目標は，種々の信号が複数の周波数に分解できる手法を理解することである．本章の内容を学ぶためには，「三角関数」の性質および「複素関数論」の知識が必要である．

5.1　フーリエ級数展開

　周期信号（周期関数）を $g(t)$ ，この信号の周期を T ，基本周波数を $f_0 \left(= \frac{1}{T} \right)$ とおけば，この信号の フーリエ級数展開式（Fourier Series）は，以下のようになる．

$$g(t) \quad = \quad \sum_{n=0}^{\infty} \{A_n \cdot \cos(2\,n\,\pi\,f_0\,t) + B_n \cdot \sin(2\,n\,\pi\,f_0\,t)\} = \sum_{n=-\infty}^{\infty} C_n \cdot e^{j\,2\,n\,\pi\,f_0\,t}$$

ここで，係数 $A_n \, (n \geq 0)$，$B_n \, (n \geq 0)$ および C_n は次式である．

$$A_0 = \frac{1}{T} \cdot \int_{-\frac{T}{2}}^{\frac{T}{2}} g(t)\,dt, \qquad B_0 = 0, \qquad A_n = \frac{2}{T} \cdot \int_{-\frac{T}{2}}^{\frac{T}{2}} g(t) \cdot \cos(2\,n\,\pi\,f_0\,t)\,dt$$

$$B_n = \frac{2}{T} \cdot \int_{-\frac{T}{2}}^{\frac{T}{2}} g(t) \cdot \sin(2\,n\,\pi\,f_0\,t)\,dt, \qquad C_n = \frac{1}{T} \cdot \int_{-\frac{T}{2}}^{\frac{T}{2}} g(t) \cdot e^{-j\,2\,n\,\pi\,f_0\,t}\,dt$$

これらの係数 A_n，B_n および C_n は，周期信号 $g(t)$ が分解された周波数 $n\,f_0$（高調波 という）の大きさである．さらに，A_n，B_n および C_n の関係は次式である．

$$C_n \quad = \quad \frac{A_n - jB_n}{2} \quad (n \geq 1), \quad C_0 = A_0, \quad C_n = \frac{A_{-n} + jB_{-n}}{2} \quad (-1 \geq n)$$

　このように，任意の周期関数 $g(t)$ が 基本周波数 f_0 および 高調波 $n\,f_0$ に分解できるのは，三角関数の直交性 による．

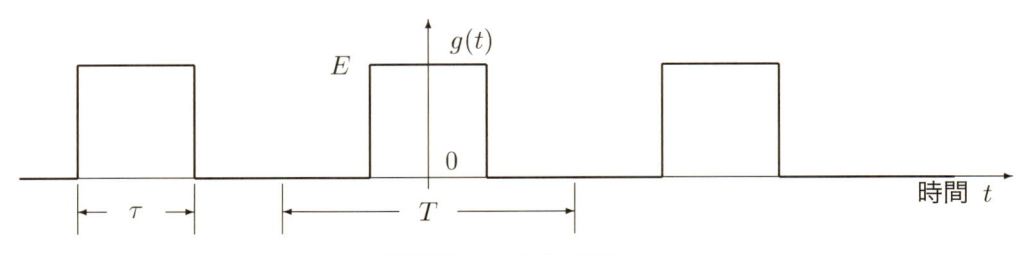

図 5.1　周期性のある信号例 1

[例]　この例として，図 5.1 に示す矩形波信号のフーリエ級数展開について考える．まず，この信号 $g(t)$ は，次のように与えられる．

$$g(t) = 0 \qquad \left(-\frac{T}{2} \leq t < -\frac{\tau}{2}, \ \frac{\tau}{2} < t \leq \frac{T}{2}\right)$$

$$g(t) = E \qquad \left(-\frac{\tau}{2} \leq t \leq \frac{\tau}{2}\right)$$

従って，次式となる．

$$A_0 = \frac{1}{T} \cdot \int_{-\frac{\tau}{2}}^{\frac{\tau}{2}} E \, dt = \frac{\tau}{T} \cdot E \quad \text{（直流分）}$$

$$A_n = \frac{2}{T} \cdot \int_{-\frac{\tau}{2}}^{\frac{\tau}{2}} E \cdot \cos(2 \, n \, \pi \, f_0 \, t) \, dt = \frac{2 \, E}{T} \cdot \left[\frac{\sin(2 \, n \, \pi \, f_0 \, t)}{2 \, n \, \pi \, f_0}\right]_{-\frac{\tau}{2}}^{\frac{\tau}{2}}$$

$$= \frac{2 \, E \cdot \sin\left(n \, \pi \frac{\tau}{T}\right)}{n \, \pi} = \frac{2 \, \tau}{T} \cdot E \cdot \mathrm{sinc}\left(n \, \pi \, \frac{\tau}{T}\right)$$

$$B_n = 0$$

ここで，$\mathrm{sinc}(x)$ は $\mathrm{sinc}(x) = \frac{\sin(x)}{x}$ で定義されており，**標本化関数**（Sampling Function）という．また，$\frac{\tau}{T}$ は **専有率** と呼ばれる．従って，$g(t)$ は次式となる．

$$g(t) = E \cdot \frac{\tau}{T} + 2 \, E \cdot \sum_{n=1}^{\infty} \frac{\sin\left(n \, \pi \, \frac{\tau}{T}\right)}{n \, \pi} \cdot \cos\left(2 \, n \, \pi \, \frac{t}{T}\right)$$

一方，$C_n \, (n = -\infty \sim \infty)$ および $g(t)$ は次式である．

$$C_n = \frac{1}{T} \cdot \int_{-\frac{\tau}{2}}^{\frac{\tau}{2}} E \cdot e^{-j \, 2 \, n \, \pi \, f_0 \, t} dt = -\frac{E}{T} \cdot \left[\frac{e^{-j \, 2 \, n \, \pi \, f_0 \, t}}{j \, 2 \, n \, \pi \, f_0}\right]_{-\frac{\tau}{2}}^{\frac{\tau}{2}} = E \cdot \frac{\sin\left(n \, \pi \, \frac{\tau}{T}\right)}{n \, \pi}$$

$$C_0 = E \cdot \frac{\tau}{T}$$

$$g(t) = E \cdot \sum_{n=-\infty}^{\infty} \frac{\sin\left(n \, \pi \, \frac{\tau}{T}\right)}{n \, \pi} \cdot e^{j \, 2 \, n \, \pi \, \frac{t}{T}}$$

この場合，$A_n = C_n + C_{-n} (= 2 \, C_n)$ の関係となる．

5.2 波形の再生

　フーリエ級数展開式において，どの程度までの高調波で合成すれば，もとの波形をほぼ再生できるかを以下に示す．まず，$g(t)$ のフーリエ級数展開式は理論的には高調波の数が無限大である．しかしながら，実際には有限数で合成し再生する．そこで，図 5.1 に示す矩形波を n 個の高調波で合成し再生すると，図 5.2 に示すようになる．図から，高調波の数が多ければ多いほど矩形波に近づくが，高調波の数 n を 7 ～ 10 程度で合成すればほぼ再生できることがわかる．

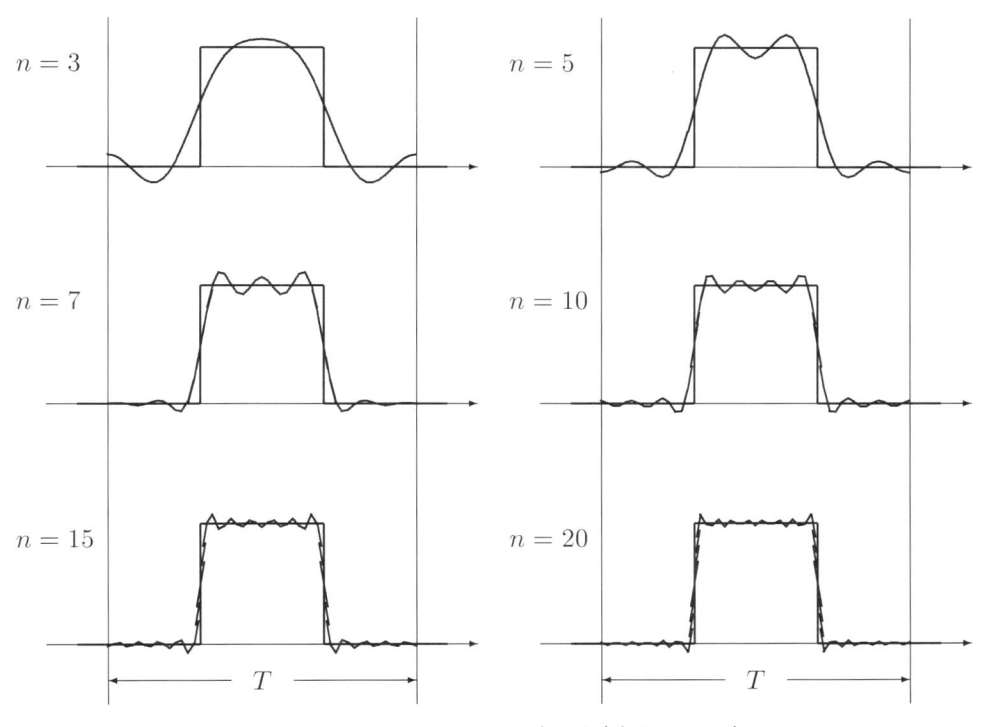

図 5.2　図 5.1 に示す矩形波信号の再生

5.3 三角波のフーリエ級数展開

　図 5.3 (a) に示す周期性のある三角波信号の式は以下のようになる．

$$g(t) \;=\; 2t \cdot \frac{E}{\tau} + E \quad \left(-\frac{\tau}{2} \le t \le 0\right), \qquad = E - 2t \cdot \frac{E}{\tau} \quad \left(0 \le t < \frac{\tau}{2}\right)$$

この三角波のフーリエ級数展開を行うと以下のようになる．

$$A_0 \;=\; \frac{2}{T} \cdot \int_0^{\frac{\tau}{2}} \left(E - 2t \cdot \frac{E}{\tau}\right) dt = \frac{2}{T} \cdot \left(\frac{\tau}{2} \cdot E - \frac{\tau^2}{4} \cdot \frac{E}{\tau}\right) = \frac{E}{2} \cdot \frac{\tau}{T}$$

$$A_n = \frac{4}{T} \cdot \int_0^{\frac{\tau}{2}} \left(E - 2\,t \cdot \frac{E}{\tau} \right) \cdot \cos(2\,n\,\pi\,f_0\,t)\,dt = \frac{4}{T} \cdot \frac{2\,E}{(2\,n\,\pi\,f_0)^2\,\tau} \cdot \{1 - \cos(n\,\pi\,f_0\,\tau)\}$$

$$= 2E \cdot \frac{\left\{ 1 - \cos\left(n\,\pi\,\frac{\tau}{T} \right) \right\}}{(n\,\pi)^2\,\frac{\tau}{T}}$$

$$C_n = E \cdot \frac{\left\{ 1 - \cos\left(n\,\pi\,\frac{\tau}{T} \right) \right\}}{(n\,\pi)^2\,\frac{\tau}{T}}, \qquad C_0 = \frac{E}{2} \cdot \frac{\tau}{T}$$

従って，$g(t)$ は次式となる．

$$g(t) = \frac{E}{2} \cdot \frac{\tau}{T} + 2E \cdot \sum_{n=1}^{\infty} \frac{\left\{ 1 - \cos\left(n\,\pi\,\frac{\tau}{T} \right) \right\}}{(n\,\pi)^2\,\frac{\tau}{T}} \cdot \cos\left(2\,n\,\pi\,\frac{t}{T} \right)$$

$$= E \cdot \sum_{n=-\infty}^{\infty} \frac{\left\{ 1 - \cos\left(n\,\pi\,\frac{\tau}{T} \right) \right\}}{(n\,\pi)^2\,\frac{\tau}{T}} \cdot \cos\left(2\,n\,\pi\,\frac{t}{T} \right)$$

この波形の再生は図 5.3（b）に示すように，高調波数が $n = 3$ でも十分であることがわかる．

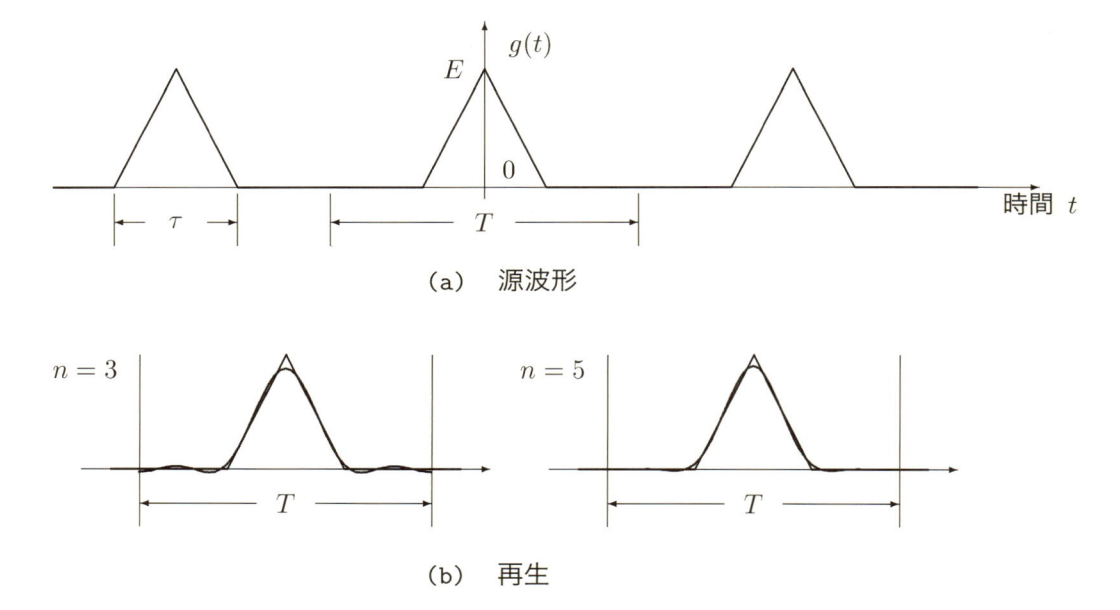

(a)　源波形

(b)　再生

図 5.3　周期性のある信号例 2

5.4　フーリエ変換

　孤立信号波は，図 5.1 のような周期的な信号の周期 T を無限大にした場合と考えられるので，$f = nf_0$ とおき $T \to \infty$ とした操作によって，次式のように求められる．

$$g(t) = \lim_{T \to 0} \sum_{n=-\infty}^{\infty} T C_n \cdot e^{j 2 n \pi \frac{t}{T}} \cdot \frac{1}{T} = \int_{-\infty}^{\infty} G(f) \cdot e^{j 2 \pi f t} df$$

$$G(f) = \lim_{T \to 0} T C_n = \int_{-\infty}^{\infty} g(t) \cdot e^{-j 2 \pi f t} dt$$

ここで，$G(f)$ は TC_n に，$\frac{n}{T}$ は f に，$\frac{1}{T}$ は df に対応する．

さらに，図 5.1 において，$\tau E = 1$ とおき，$\tau \to 0$ とした波形は **デルタ関数**（Delta Function）とよばれ，次式で表される．

$$g(t) = \delta(t - x)$$

この関数は，$t = x$ において，無限大の値を持つパルス的な関数であり，次の性質をもつ．

$$\int_{-\infty}^{\infty} \delta(t - x)\, dt = \int_{x-0}^{x+0} \delta(t - x)\, dt = 1$$

$$\int_{-\infty}^{\infty} h(t)\delta(t - x)\, dt = \int_{x-0}^{x+0} h(t) \cdot \delta(t - x)\, dt = h(x)$$

従って，$g(t) = \delta(t - x)$ のフーリエ変換は次式となる．

$$G(f) = e^{-j 2 \pi f x}$$

すなわち，$|G(f)| = 1$ となり，周波数に対して一様となる．これは雑音をデルタ関数 $\delta(t)$ で表せば，周波数領域において一様に分布することになる．これを **白色雑音**（ホワイトノイズ，White Noise），または **ガウス雑音**（Gauss Noise）という（第 6 章 6.6 でも述べる）．

[例]　孤立波の例として，図 5.1 に示す矩形波信号の周期 T を無限大にした場合を求めてみる．このとき，次式となる．

$$G(f) = \int_{-\frac{\tau}{2}}^{\frac{\tau}{2}} E \cdot e^{-j 2 \pi f t} dt = \left[\frac{-E \cdot e^{-j 2 \pi f t}}{j 2 \pi f} \right]_{-\frac{\tau}{2}}^{\frac{\tau}{2}} = \frac{E \cdot \sin(\pi \tau f)}{\pi f} = E \tau \cdot \mathrm{sinc}(\pi \tau f)$$

さらに，$E\tau = 1$ かつ $\tau \to 0$ となるデルタ関数について考えると次式となる．

$$G(f) = \lim_{T \to 0} T C_n = \lim_{\tau \to 0} E \tau \cdot \mathrm{sinc}(\pi \tau f) = 1$$

すなわち，周期 T と $E\tau$ を一定にして，パルス幅を変えれば図 5.4 のようになり，パルス幅が小さくなればなるほど一様に近づく．また，パルス幅を一定にして周期 T を大きくすれば（孤立波），図 5.5 のようになり，**標本化関数**（Sampling Function）$\mathrm{sinc}(\pi \tau f)$ に近づいていくことが分かる．

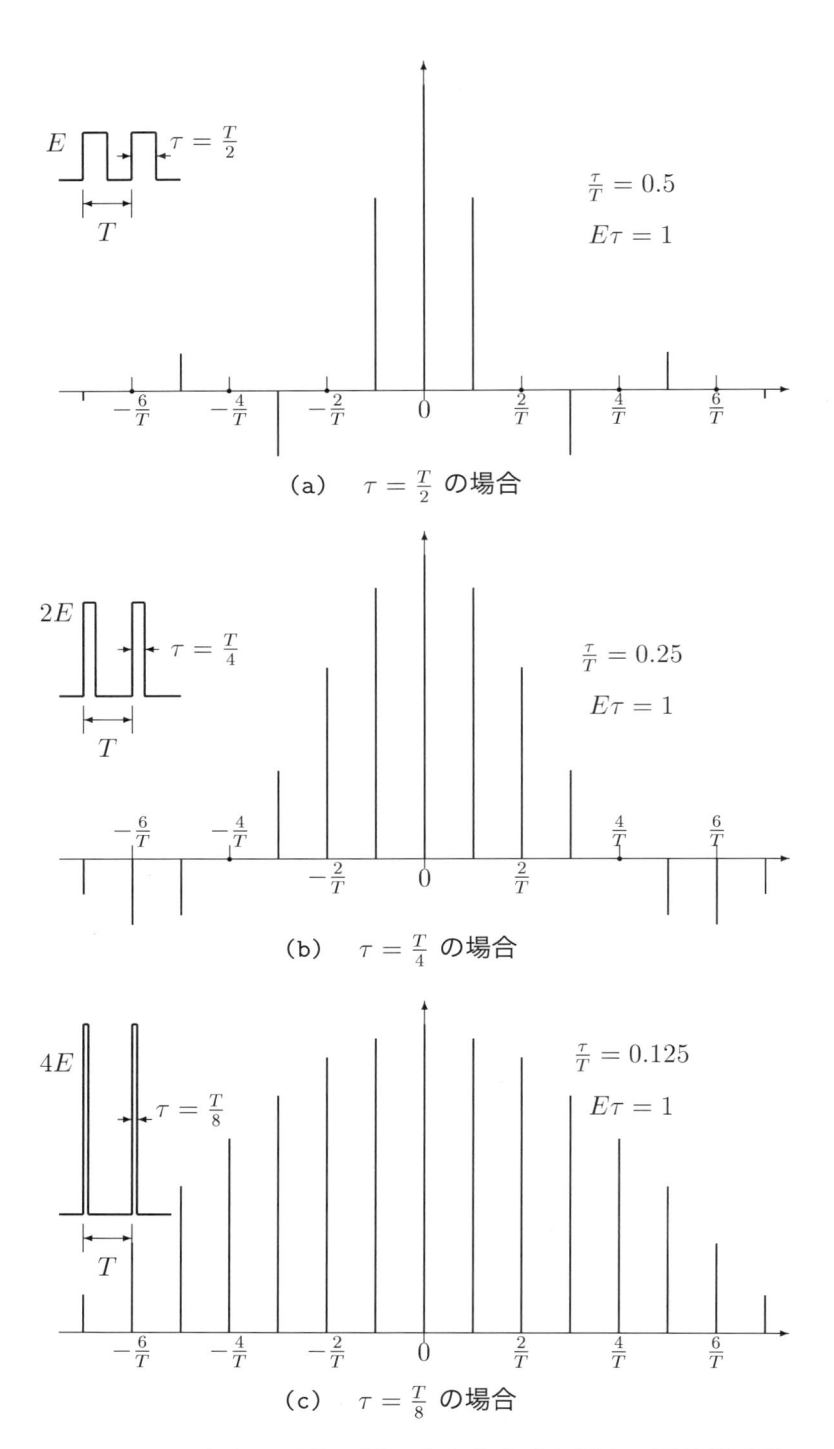

(a) $\tau = \frac{T}{2}$ の場合

(b) $\tau = \frac{T}{4}$ の場合

(c) $\tau = \frac{T}{8}$ の場合

図 5.4 $E\tau = 1$ のもとでパルス幅 τ を変化させた場合の周波数成分

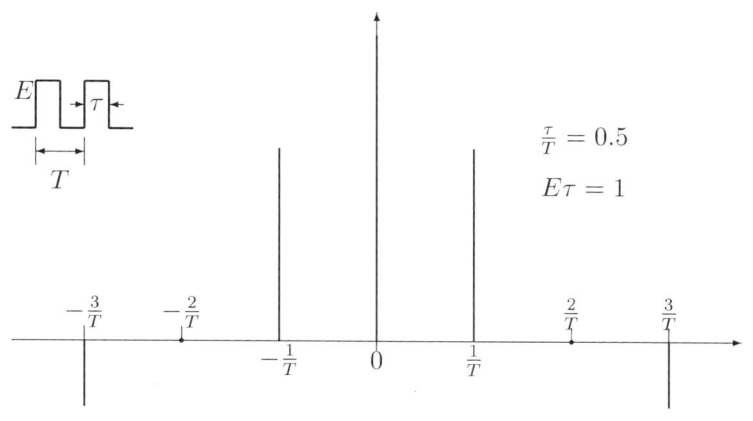

（a）　T（基準）の場合

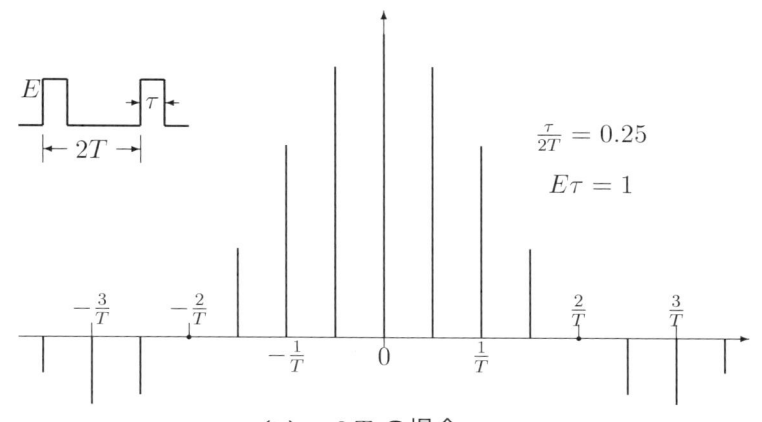

（b）　$2T$ の場合

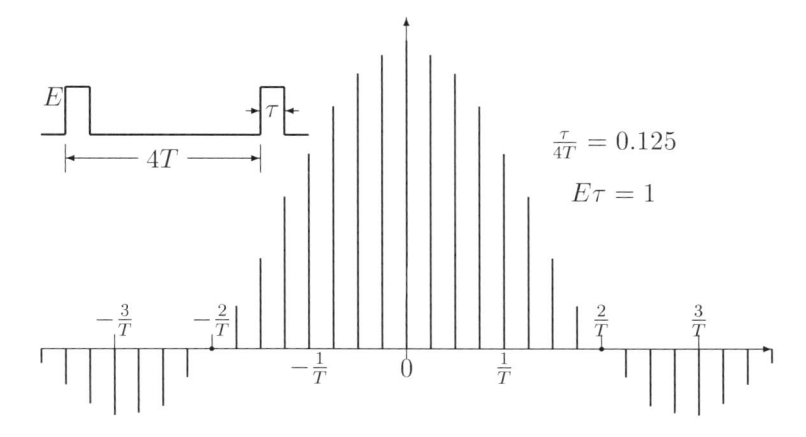

（c）　$4T$ の場合

図 5.5　周期 T を変化させた場合の周波数成分

5.5　　フーリエ変換の計算

ここでは，いくつかの孤立波の例を取り上げ，フーリエ変換を行う．

（a）　単一矩形波のフーリエ変換

図 5.6（a）に示す単一矩形波におけるフーリエ変換は，前述から次式である．

$$G(f) \;=\; E \cdot \frac{\sin(\pi f \tau)}{\pi f} = E\tau \cdot \mathrm{sinc}(\pi f \tau)$$

この波形は図 5.6（b）となる．

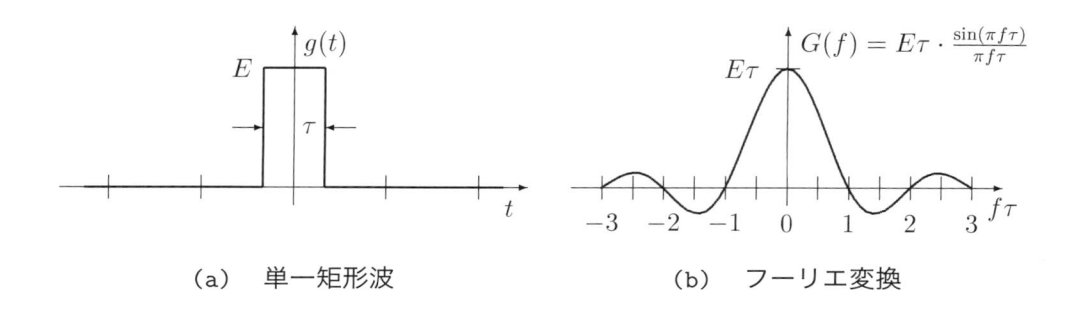

（a）　単一矩形波　　　　　　　　（b）　フーリエ変換

図 5.6　単一矩形波とそのフーリエ変換

（b）　単一三角波のフーリエ変換

図 5.7（a）に示す単一三角波におけるフーリエ変換は，次式となる．

$$
\begin{aligned}
G(f) \;&=\; \int_{-\frac{\tau}{2}}^{0} \left(2\,t \cdot \frac{E}{\tau} + E\right) \cdot e^{-j\,2\pi f\,t}\,dt + \int_{0}^{\frac{\tau}{2}} \left(E - 2\,t \cdot \frac{E}{\tau}\right) \cdot e^{-j\,2\pi f\,t}\,dt \\
&=\; -\frac{E}{j\,2\,\pi\,f} + \frac{1}{j2\pi f} \cdot \left[2 \cdot \frac{E}{\tau} \cdot \frac{e^{-j2\pi ft}}{-j2\pi f}\right]_{-\frac{\tau}{2}}^{0} + \frac{E}{j\,2\,\pi\,f} - \frac{1}{j\,2\,\pi\,f} \cdot \left[2 \cdot \frac{E}{\tau} \cdot \frac{e^{-j2\pi ft}}{-j\,2\,\pi\,f}\right]_{0}^{\frac{\tau}{2}} \\
&=\; \frac{4\,E}{\tau} \cdot \frac{1}{(2\,\pi\,f)^2} - \frac{2\,E}{\tau} \cdot \frac{e^{j\,\pi f\tau} + e^{-j\,\pi f\tau}}{(2\,\pi\,f)^2} = E\,\tau \cdot \frac{1 - \cos(\pi f\,\tau)}{(\pi f\,\tau)^2}
\end{aligned}
$$

この波形は図 5.7（b）となる．

（c）　単一 cos 波のフーリエ変換

まず，図 7.1 の複数の cos 波を想定し，より一般的に $-(k+\frac{1}{2})\pi \sim (k+\frac{1}{2})\pi$ の cos 波におけるフーリエ変換を求めると，次式のようになる．

$$G(f) \;=\; \int_{-(k+\frac{1}{2})\pi}^{(k+\frac{1}{2})\pi} E \cdot \cos(t) \cdot e^{-j\,2\pi f\,t}\,dt = \int_{-(k+\frac{1}{2})\pi}^{(k+\frac{1}{2})\pi} E \cdot \frac{e^{j\,t} + e^{-j\,t}}{2} \cdot e^{-j\,2\,\pi f\,t}\,dt$$

$$
\begin{aligned}
&= \frac{E}{2} \cdot \left[\frac{e^{j(1-2\pi f)t}}{j(1-2\pi f)} - \frac{e^{-j(1+2\pi f)t}}{j(1+2\pi f)} \right]_{-(k+\frac{1}{2})\pi}^{(k+\frac{1}{2})\pi} \\
&= \frac{E}{1-2\pi f} \cdot \sin\left\{ (1-2\pi f) \cdot \left(k+\frac{1}{2} \right) \pi \right\} + \frac{E}{1+2\pi f} \cdot \sin\left\{ (1+2\pi f) \cdot \left(k+\frac{1}{2} \right) \pi \right\} \\
&= (-1)^k \cdot \frac{2E}{1-(2\pi f)^2} \cdot \cos\left\{ (2k+1)\pi f\pi \right\}
\end{aligned}
$$

図 5.8（a）に示す単一 cos 波は，上式において $k=0$ であるから，フーリエ変換波形は図 5.8（b）のようになる．

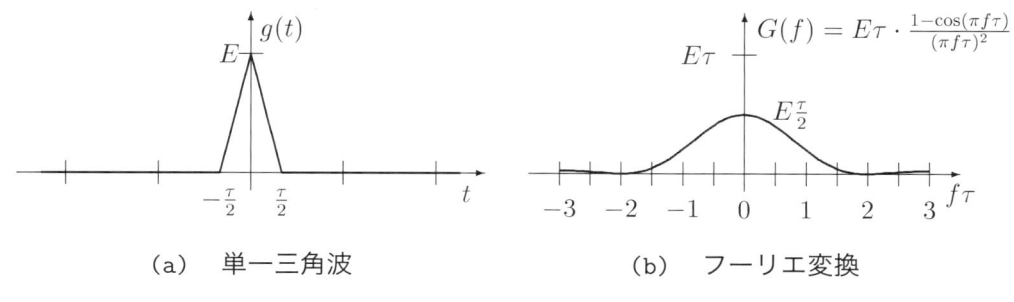

(a)　単一三角波　　　　　　(b)　フーリエ変換

図 5.7　単一三角波とそのフーリエ変換

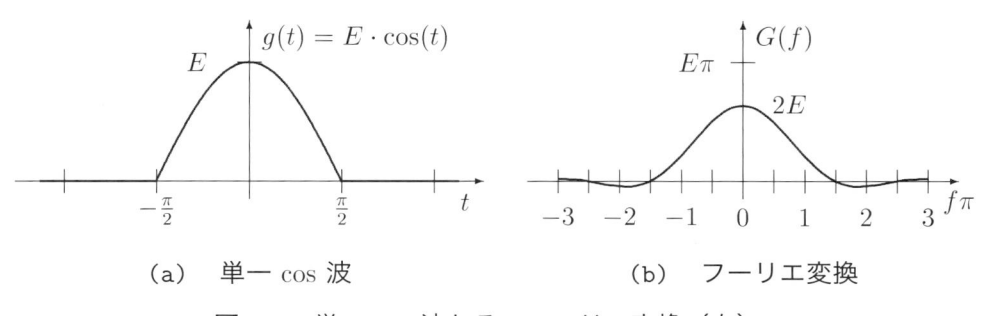

(a)　単一 cos 波　　　　　　(b)　フーリエ変換

図 5.8　単一 cos 波とそのフーリエ変換（右）

(d)　2 つの矩形波のフーリエ変換

図 5.9（a）に示す 2 つの矩形波におけるフーリエ変換は，次式となる．

$$
\begin{aligned}
G(f) &= \int_{-\tau}^{-\frac{\tau}{2}} E \cdot e^{-j2\pi ft} dt + \int_{\frac{\tau}{2}}^{\tau} E \cdot e^{-j2\pi ft} dt = -E \cdot \left[\frac{e^{-j2\pi ft}}{j2\pi f} \right]_{-\tau}^{-\frac{\tau}{2}} - E \cdot \left[\frac{e^{-j2\pi ft}}{j2\pi f} \right]_{\frac{\tau}{2}}^{\tau} \\
&= -E \cdot \frac{e^{j\pi f\tau} - e^{j2\pi f\tau}}{j2\pi f} - E \cdot \frac{e^{-j2\pi f\tau} - e^{-j\pi f\tau}}{j2\pi f} = E\tau \cdot \frac{\sin(\pi f\tau)}{\pi f\tau} \cdot \{ 2\cos(\pi f\tau) - 1 \}
\end{aligned}
$$

この波形は図 5.9（b）となる．

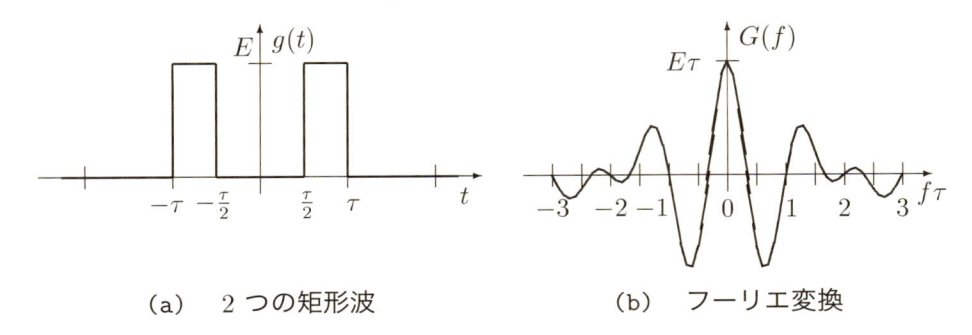

（a）　2 つの矩形波　　　　　　　　（b）　フーリエ変換

図 5.9　　2 つの矩形波とそのフーリエ変換

5.6　高速フーリエ変換

周期関数 $g(t)$ において τ 時間毎の時系列データ $x_n = g(n\tau),\ (n = 0, 1, 2, \cdots)$ が N 個毎に周期性がある場合，前述のフーリエ級数展開式 C_n は次式となる．

$$C_k = \frac{1}{N\tau} \cdot \int_{-0}^{N\tau-0} g(t) \cdot e^{-j\frac{2\pi k}{N\tau}t}\, dt = \frac{1}{N\tau} \cdot \sum_{n=0}^{N-1} (x_n\tau) \cdot e^{-j\frac{2k\pi}{N}\cdot n} = \frac{1}{N} \cdot X_k$$

$$\to\quad X_k = \sum_{n=0}^{N-1} x_n \cdot e^{-j\frac{2\pi k}{N}\cdot n}$$

また，逆変換は次式となる．

$$x_n = g(n\tau) = \sum_{k=0}^{N-1} C_k \cdot e^{j\frac{2\pi k}{N}\cdot n} = \frac{1}{N} \cdot \sum_{k=0}^{N-1} X_k \cdot e^{j\frac{2\pi k}{N}\cdot n}$$

これを 離散フーリエ変換 （DFT: Discrete Fourier Transform）・逆変換 という．この 離散フーリエ変換 において，時系列データ x_n の周期 N が $N = 2^m$ となるように選ぶことによって，同じ計算があるので，計算量を減らすことができる．これを 高速フーリエ変換 （FFT: Fast Fourier Transform）という．今，$W = e^{-j\frac{2\pi}{N}}$ とおけば，離散フーリエ変換・逆変換は以下のようになる．

$$
\begin{bmatrix}
X_0 \\
X_1 \\
X_2 \\
\cdot \\
\cdot \\
X_{N-1}
\end{bmatrix}
=
\begin{bmatrix}
W^0 & W^0 & \cdots & W^0 \\
W^0 & W^1 & \cdots & W^{N-1} \\
W^0 & W^2 & \cdots & W^{2(N-1)} \\
\cdot & \cdot & \cdots & \cdot \\
\cdot & \cdot & \cdots & \cdot \\
W^0 & W^{N-1} & \cdots & W^{(N-1)^2}
\end{bmatrix}
\begin{bmatrix}
x_0 \\
x_1 \\
x_2 \\
\cdot \\
\cdot \\
x_{N-1}
\end{bmatrix}
$$

$$
\begin{bmatrix} x_0 \\ x_1 \\ x_2 \\ \cdot \\ \cdot \\ x_{N-1} \end{bmatrix} = \frac{1}{N} \begin{bmatrix} W^0 & W^0 & \cdots & W^0 \\ W^0 & W^{-1} & \cdots & W^{-(N-1)} \\ W^0 & W^{-2} & \cdots & W^{-2(N-1)} \\ \cdot & \cdot & \cdots & \cdot \\ \cdot & \cdot & \cdots & \cdot \\ W^0 & W^{-(N-1)} & \cdots & W^{-(N-1)^2} \end{bmatrix} \begin{bmatrix} X_0 \\ X_1 \\ X_2 \\ \cdot \\ \cdot \\ X_{N-1} \end{bmatrix}
$$

例えば，$N = 2^3 = 8$ の場合以下となる．

$$
\begin{bmatrix} X_0 \\ X_1 \\ X_2 \\ X_3 \\ X_4 \\ X_5 \\ X_6 \\ X_7 \end{bmatrix} = \begin{bmatrix} W^0 & W^0 & W^0 & W^0 & W^0 & W^0 & W^0 & W^0 \\ W^0 & W^1 & W^2 & W^3 & W^4 & W^5 & W^6 & W^7 \\ W^0 & W^2 & W^4 & W^6 & W^0 & W^2 & W^4 & W^6 \\ W^0 & W^3 & W^6 & W^1 & W^4 & W^7 & W^2 & W^5 \\ W^0 & W^4 & W^0 & W^4 & W^0 & W^4 & W^0 & W^4 \\ W^0 & W^5 & W^2 & W^7 & W^4 & W^1 & W^6 & W^3 \\ W^0 & W^6 & W^4 & W^2 & W^0 & W^6 & W^4 & W^2 \\ W^0 & W^7 & W^6 & W^5 & W^4 & W^3 & W^2 & W^1 \end{bmatrix} \begin{bmatrix} x_0 \\ x_1 \\ x_2 \\ x_3 \\ x_4 \\ x_5 \\ x_6 \\ x_7 \end{bmatrix}
$$

$$
= \begin{bmatrix} 1 & 1 & 1 & 1 & 1 & 1 & 1 & 1 \\ 1 & W & j & j \cdot W & -1 & -W & -j & -j \cdot W \\ 1 & j & -1 & -j & 1 & j & -1 & -j \\ 1 & j \cdot W & -j & W & -1 & -j \cdot W & j & -W \\ 1 & -1 & 1 & -1 & 1 & -1 & 1 & -1 \\ 1 & -W & j & -j \cdot W & -1 & W & -j & j \cdot W \\ 1 & -j & -1 & j & 1 & -j & -1 & j \\ 1 & -j \cdot W & -j & -W & -1 & j \cdot W & j & W \end{bmatrix} \cdot \begin{bmatrix} x_0 \\ x_1 \\ x_2 \\ x_3 \\ x_4 \\ x_5 \\ x_6 \\ x_7 \end{bmatrix}
$$

ここで，$W^0 = W^8 = W^{16} = w^{24} = W^{32} = W^{40} = W^{48} = 1$, $W^1 = W^9 = W^{17} = W^{25} = W^{33} = W^{41} = W^{49} = \frac{1+j}{\sqrt{2}}$, $W^2 = W^{10} = W^{18} = W^{26} = W^{34} = W^{42} = j$, $W^3 = W^{11} = W^{19} = W^{27} = W^{35} = W^{43} = j \cdot W = \frac{-1+j}{\sqrt{2}}$, $W^4 = W^{12} = W^{20} = W^{28} = W^{36} = W^{44} = -1$, $W^5 = W^{13} = W^{21} = W^{29} = W^{37} = W^{45} = -W = -\frac{1+j}{\sqrt{2}}$, $W^6 = W^{14} = W^{22} = W^{30} = W^{38} = W^{46} = -W^2 = -j$, $W^7 = W^{15} = W^{23} = W^{31} = W^{39} = W^{47} = -W^3 = -j \cdot W = -\frac{-1+j}{\sqrt{2}}$ である．従って，次の計算式を得る．

$$
\begin{aligned}
X_0 &= x_0 + x_1 + x_2 + x_3 + x_4 + x_5 + x_6 + x_7 \\
&= \{(x_0 + x_4) + (x_1 + x_5)\} + \{(x_2 + x_6) + (x_3 + x_7)\} \\
X_1 &= x_0 + W x_1 + j x_2 + j W x_3 - x_4 - W x_5 - j x_6 - j W x_7 \\
&= \{(x_0 - x_4) + W (x_1 - x_5)\} + j \{(x_2 - x_6) + W (x_3 - x_7)\} \\
X_2 &= x_0 + j x_1 - x_2 - j x_3 + x_4 + j x_5 - x_6 - j x_7 \\
&= \{(x_0 + x_4) + j (x_1 + x_5)\} - \{(x_2 + x_6) + j (x_3 + x_7)\}
\end{aligned}
$$

$$X_3 = x_0 + j\,W\,x_1 - j\,x_2 + W\,x_3 - X_4 - j\,W\,x_5 + j\,x_6 - W\,x_7$$
$$= \{(x_0 - x_4) + j\,W \cdot (x_1 - x_5)\} - j\,\{(x_2 - x_6) + j\,W\,(x_3 - x_7)\}$$
$$X_4 = x_0 - x_1 + x_2 - x_3 + x_4 - x_5 + x_6 - x_7$$
$$= \{(x_0 + x_4) - (x_1 + x_5)\} + \{(x_2 + x_6) - (x_3 + x_7)\}$$
$$X_5 = x_0 - W\,x_1 + j\,x_2 - j\,W \cdot x_3 - x_4 + W\,x_5 - j\,x_6 + j\,W\,x_7$$
$$= \{(x_0 - x_4) - W\,(x_1 - x_5)\} + j\,\{(x_2 - x_6) - W\,(x_3 - x_7)\}$$
$$X_6 = x_0 - j\,x_1 - x_2 + j\,x_3 + x_4 - j\,x_5 - x_6 + j\,x_7$$
$$= \{(x_0 + x_4) - j\,(x_1 + x_5)\} - \{(x_2 + x_6) - j\,(x_3 + x_7)\}$$
$$X_7 = x_0 - j\,W\,x_1 - j\,x_2 - W\,x_3 - x_4 + j\,W\,x_5 + j\,x_6 + W\,x_7$$
$$= \{(x_0 - x_4) - j\,W\,(x_1 - x_5)\} - j\,\{(x_2 - x_6) - j\,W\,(x_3 - x_7)\}$$

これらの式から分かるように，同じ計算 (x_0+x_4)，(x_0-x_4)，(x_1+x_5)，(x_1-x_5)，(x_2+x_6)，$(x_2 - x_6)$，$(x_3 + x_7)$，$(x_3 - x_7)$，これらの $j\,(= W^2)$ 倍，W 倍，$j\,W\,(= W^3)$ 倍，および和・差のみの計算である．これをもとに高速フーリエ変換器を構成すると，図 5.10 に示すように，非常に単純な構成となる．

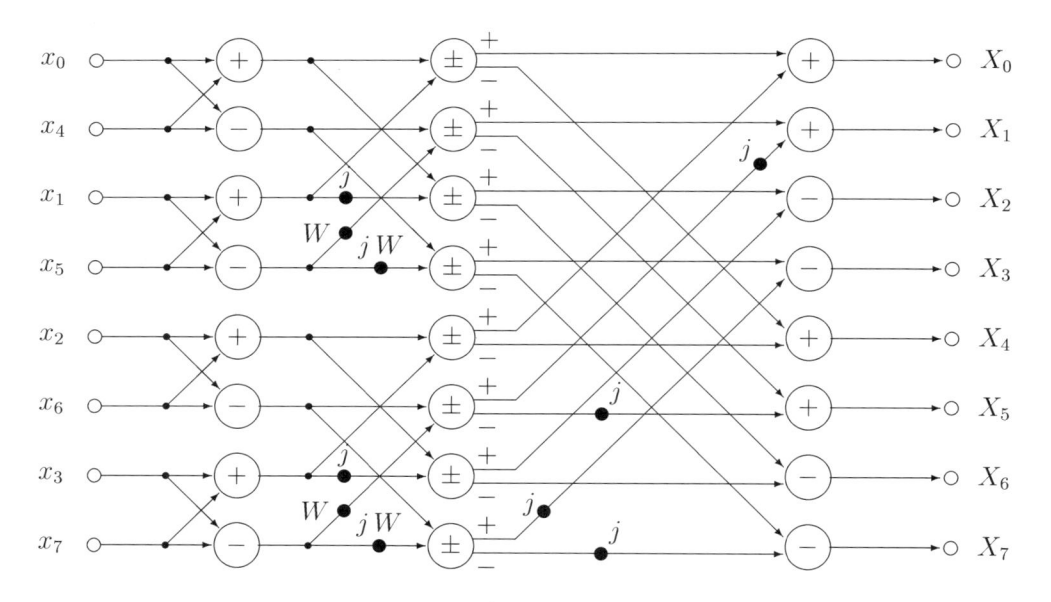

図 5.10　高速フーリエ変換器の構成例

同様に，逆変換は以下のようになる．

$$
\begin{bmatrix} x_0 \\ x_1 \\ x_2 \\ x_3 \\ x_4 \\ x_5 \\ x_6 \\ x_7 \end{bmatrix}
= \frac{1}{8} \cdot
\begin{bmatrix}
W^0 & W^0 & W^0 & W^0 & W^0 & W^0 & W^0 & W^0 \\
W^0 & W^{-1} & W^{-2} & W^{-3} & W^{-4} & W^{-5} & W^{-6} & W^{-7} \\
W^0 & W^{-2} & W^{-4} & W^{-6} & W^0 & W^{-2} & W^{-4} & W^{-6} \\
W^0 & W^{-3} & W^{-6} & W^{-1} & W^{-4} & W^{-7} & W^{-2} & W^{-5} \\
W^0 & W^{-4} & W^0 & W^{-4} & W^0 & W^{-4} & W^0 & W^{-4} \\
W^0 & W^{-5} & W^{-2} & W^{-7} & W^{-4} & W^{-1} & W^{-6} & W^{-3} \\
W^0 & W^{-6} & W^{-4} & W^{-2} & W^0 & W^{-6} & W^{-4} & W^{-2} \\
W^0 & W^{-7} & W^{-6} & W^{-5} & W^{-4} & W^{-3} & W^{-2} & W^{-1}
\end{bmatrix}
\cdot
\begin{bmatrix} X_0 \\ X_1 \\ X_2 \\ X_3 \\ X_4 \\ X_5 \\ X_6 \\ X_7 \end{bmatrix}
$$

$$
= \frac{1}{8} \cdot
\begin{bmatrix}
1 & 1 & 1 & 1 & 1 & 1 & 1 & 1 \\
1 & -W^3 & -j & -W & -1 & W^3 & j & W \\
1 & -j & -1 & j & 1 & -j & -1 & j \\
1 & -W & j & -W^3 & -1 & W & -j & W^3 \\
1 & -1 & 1 & -1 & 1 & -1 & 1 & -1 \\
1 & W^3 & -j & W & -1 & -W^3 & j & -W \\
1 & j & -1 & -j & 1 & j & -1 & -j \\
1 & W & j & W^3 & -1 & -W & -j & -W^3
\end{bmatrix}
\cdot
\begin{bmatrix} X_0 \\ X_1 \\ X_2 \\ X_3 \\ X_4 \\ X_5 \\ X_6 \\ X_7 \end{bmatrix}
$$

ここで，$W^{-1} = W^7 = -W^3$，$W^{-3} = W^5 = -W$，$W^{-5} = W^3$，$W^{-7} = W$，である．

[例]　$x_0 = x_1 = x_2 = x_3 = 1$ および $x_4 = x_5 = x_6 = x_7 = 0$ の場合，$X_0 \sim X_7$ を求めると以下のようになる．

$$
\begin{array}{llll}
X_0 = 4, & X_1 = 1 + 2j, & X_2 = 0, & X_3 = 1, \\
X_4 = 0, & X_5 = 0, & X_6 = 0, & X_7 = 1 - j
\end{array}
$$

5.7　ウェーブレット変換

　フーリエ変換は実際のアナログ信号（時間的に周波数が変化する信号）$f(t)$ からスペクトル情報を取り出すためには，無限の時間領域（$-\infty \sim \infty$）が必要になる．そこで，ある一定幅内の周波数（基本周波数）をもつスペクトルに影響を与える時間幅を決定する．信号の周波数は振動数に比例するから，高い周波数スペクトルに対する時間幅は相対的に短くてよい．また逆に，低い周波数スペクトルに対する時間幅は広くとらなければならない．すなわち，融通のきく時間と周波数の窓（Time Frequency Window）である 窓関数 $w(x)$ を用いた次のフーリエ変換式を利用する．

$$
F(t, \omega) = \int_{-\infty}^{\infty} f(x) \cdot w(x - t) \cdot e^{-j \omega x} \, dx
$$

これは 短時間フーリエ変換（または，窓フーリエ変換）という．この解析は 時間・周波数解析であり，窓の大きさ（時間幅）と周波数との間に不確定性関係がある．そこで，$w(x-t) \cdot e^{-j \omega x}$

を時間成分 b，周波数の逆数成分 a で表した ウェーブレット（Wavelet，さざ波 と訳される）$\frac{1}{\sqrt{a}} \cdot \psi\left(\frac{x-b}{a}\right)$（複素関数）を用いると次式となる．

$$F_w(b,\, a) \;=\; \int_{-\infty}^{\infty} f(x) \cdot \frac{1}{\sqrt{a}} \cdot \overline{\psi\left(\frac{x-b}{a}\right)} \, dx$$

ここで，$\overline{\psi(x)}$ は $\psi(x)$ の共役複素関数である．この変換式を ウェーブレット変換（Wavelet Transform）という．特に連続なウェーブレットを扱っているので，連続ウェーブレット変換 ともいう．この 逆変換 は次式である．

$$f(x) \;=\; \frac{1}{C_\psi} \cdot \int_0^\infty \left\{ \int_{-\infty}^\infty F_w(b,a) \cdot \frac{1}{\sqrt{a}} \cdot \psi\left(\frac{x-b}{a}\right) db \right\} \frac{da}{a^2}$$
$$\left(\int_{-\infty}^\infty \psi(x)\,dx = 0, \quad C_\psi = \int_{-\infty}^\infty \frac{|\psi(x)|^2}{|x|}\,dx \;<\; \infty \right)$$

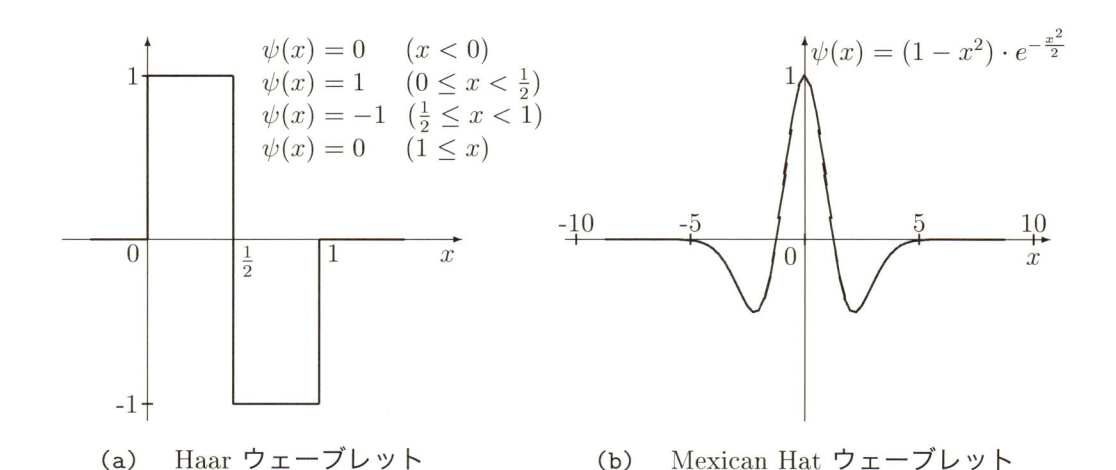

（a）　Haar ウェーブレット　　　　　　（b）　Mexican Hat ウェーブレット

図 5.11　ウェーブレットの例

このような ウェーブレット変換 には，図 5.11 に示すようなウェーブレットがよく用いられる．ここで，a が大きいと低い周波数では窓幅が広くなり，低い周波数に対する周波数分解能が高くなる．また，高い周波数に対しては，a が小さくてよい．しかしながら，ウェーブレット $\psi\left(\frac{x-b}{a}\right)$ において，直交性 をもつように実数値 a および b を選ばなければならない．そこで，ウェーブレットに直交性をもたせるため，$a = \frac{1}{2^j}$ および $b = \frac{k}{2^j}$ の離散値とおけば，逆変換式（離散ウェーブレット展開式 という）は次式となる．

$$f(x) \;=\; \sum_{j=-\infty}^{\infty} \sum_{k=-\infty}^{\infty} F_w\left(\frac{k}{2^j}, \frac{1}{2^j}\right) \cdot 2^{\frac{j}{2}} \cdot \psi\left(2^j x - k\right) = \sum_{j=-\infty}^{\infty} \sum_{k=-\infty}^{\infty} F_w\left(\frac{k}{2^j}, \frac{1}{2^j}\right) \cdot \psi_{j,k}(x)$$

ここで，$\psi_{j,k}(x) = 2^{\frac{j}{2}} \cdot \psi\left(2^j x - k\right)$ は **離散ウェーブレット** であり，次の **直交性** が成立する．

$$\int_{-\infty}^{\infty} \psi_{j,k}(x) \cdot \psi_{j',k'}(x)\, dx = \delta_{j,j'} \cdot \delta_{k,k'} = \begin{cases} 1 & (j = j',\ k = k') \\ 0 & (otherwise) \end{cases}$$

ここで，$\delta_{j,j'}$，$\delta_{k,k'}$ はクロネッカーのデルタ（$j = j'$，$k = k'$ のときのみ 1，それ以外 0）である．たとえば，Haar ウェーブレットについて，この直交性が成立するのは容易に理解できる．

一方において，分解レベル N における信号 $f_N(t)$ を次式で表す．

$$f_N(t) = \sum_{k=-\infty}^{\infty} c_k^N \cdot \phi(2^N x - k)$$

ここで，$\phi(x)$ はウェーブレットの取り得る値の範囲の **スケーリング関数** である．Haar ウェーブレットにおけるスケーリング関数は，$0 \leq x < 1$ のとき $\phi(x) = 1$，それ以外のとき $\phi(x) = 0$ である．このようなスケーリング関数において，$\phi(x)$，$\psi(x)$，$\phi(2x)$ の関係は次式となる．

$$\phi(x) = \sum_{k=-\infty}^{\infty} p_k \cdot \phi(2\,x - k), \qquad \psi(x) = \sum_{k=-\infty}^{\infty} (-1)^k\, p_{1-k} \cdot \phi(2\,x - k)$$

Haar ウェーブレットの場合，以下の関係が成立する．

$$\phi(x) = \phi(2\,x) + \phi(2\,x - 1), \qquad \psi(x) = \phi(2\,x) - \phi(2\,x - 1)$$

従って，$f_N(x)$ は次のように分解することができる．

$$f_N(x) = \sum_{k'=-\infty}^{\infty} c_k^N \cdot \phi(2^N x - k)$$
$$= \sum_{k=-\infty}^{\infty} d_k^{N-1} \cdot \psi(2^{N-1}x - k) + \sum_{k=-\infty}^{\infty} c_k^{N-1} \cdot \phi(2^{N-1}x - k) = g_{N-1}(x) + f_{N-1}(x)$$

ここで，$g_{N-1}(x)$ は分解レベル N と $N-1$ の差を意味する．そして，分解の場合

$$c_k^{N-1} = \frac{1}{2}\,(c_{2k}^N + c_{2k+1}^N), \qquad d_k^{N-1} = \frac{1}{2}\,(c_{2k}^N - c_{2k+1}^N)$$

であり，再構成の場合

$$c_{2k}^{N-1} = c_k^{N-1} + d_k^{N-1}, \qquad c_{2k+1}^{N-1} = c_k^{N-1} - d_k^{N-1}$$

である．さらに，このスケーリング関数による分解を繰り返すと以下のようになる．

$$f_N(x) = g_{N-1}(x) + f_{N-1}(x) = g_{N-1}(x) + g_{N-2}(x) + f_{N-2}(x) = \cdots$$
$$= g_{N-1}(x) + g_{N-2}(x) + \cdots + g_{N-m}(x) + f_{N-m}(x) = \cdots$$
$$= \sum_{j=-\infty}^{N-1} \sum_{k=-\infty}^{\infty} d_k^j \cdot \psi(2^j x - k) = \sum_{j=-\infty}^{N-1} \sum_{k=-\infty}^{\infty} F_w\left(\frac{k}{2^j}, \frac{1}{2^j}\right) \cdot 2^{\frac{j}{2}} \cdot \psi(2^j x - k)$$
$$\left(F_w\left(\frac{k}{2^j}, \frac{1}{2^j}\right) = \int_{-\infty}^{\infty} f(x) \cdot 2^{\frac{j}{2}} \cdot \overline{\psi(2^j x - k)}\, dx\right)$$

すなわち，ウェーブレットの合成によって元の信号 $f_N(x)$ を得ることができる．実際の場合，$f_{N-m}(x) \approx 0$ となる有限個で合成することになる．

このようなウェーブレット変換による解析はコンピュータの発達により，実際の信号処理を行う上で有力な手法である．このウェーブレット変換は，信号のノイズ除去や画像処理（ソフトウエア）に利用されることが多い．

練習問題 5

問5.1　次式で示す周期三角波について，フーリエ級数展開式を求めなさい．

$$g(t) = \begin{cases} 2t \cdot \dfrac{E}{\tau} + E & \left(-\dfrac{\tau}{2} \le t \le 0\right) \\ 0 & \left(-\dfrac{T}{2} \le t < -\dfrac{\tau}{2},\ 0 \le t \le \dfrac{T}{2}\right) \end{cases}$$

問5.2　次式で与えられる交流の半波整流波形のフーリエ級数展開式を求めなさい．

$$g(t) = \begin{cases} E \cdot \sin(t) & (0 \le t \le \pi) \\ 0 & (\pi \le t \le 2\pi) \end{cases}$$

同様に，次式で与えられる全波整流波形のフーリエ級数展開式を求めなさい．

$$g(t) = E \cdot \sin(t) \qquad (0 \le t \le \pi)$$

問5.3　1 区間の波形が次式で与えられる場合のフーリエ級数展開式を求めなさい．

(a)　$g(t) = t \quad (0 < t \le 2)$ 　　　　(b)　$g(t) = 4 - t^2 \quad (-2 < t \le 2)$

(c)　$g(t) = \begin{cases} -1 & (-\pi < t \le 0) \\ 1 & (0 < t \le \pi) \end{cases}$ 　　　　(d)　$g(t) = \begin{cases} 0 & (-\pi < t \le 0) \\ 1 & (0 < t \le \pi) \end{cases}$

問5.4　次に示す孤立波について，フーリエ変換を行いなさい．

(a)　$g(t) = \begin{cases} 1 & \left(-\dfrac{1}{2} < t < \dfrac{1}{2}\right) \\ 0 & (otherwise) \end{cases}$ 　　　　(b)　$g(t) = \begin{cases} e^{-t} & (0 < t) \\ 0 & (otherwise) \end{cases}$

問5.5　4 つの離散データ $x_0 = 2$，$x_1 = 3$，$x_2 = -1$，$x_3 = 1$ における DFT を求めなさい．

問5.6　$N = 4$ の場合の高速フーリエ変換器を構成しなさい．

第6章　送信系・受信系（アナログ変調）

　音声や映像などをそのままの形で遠方に送ることは，各周波数の伝搬特性や伝搬エネルギー（減衰特性）の違いによって，受け取ることができない．せいぜい数[km]程度である．そこで，伝搬エネルギーの高い高周波数を変化させて送るとより遠方に送ることができる．現在もっとも多く利用されているのは，高周波数の電気信号（搬送波 という）に音声や映像などを乗せて伝送する方法が用いられている．この方法を 変調 という．この変調方式には大きく分けて 連続変調方式（アナログ変調方式）と パルス変調方式 がある．これらを分類すると以下のようになる．

(1) 連続変調方式
　　(a) 振幅変調 (AM: Amplitude Modulation)
　　　・両側波帯 (DSB: Double Side Band) 変調．（ AM ラジオや短波ラジオなど）
　　　・搬送波抑圧両側波帯 (DSBSC: Double Side Band Suppressed Carrier) 変調．
　　　　　（ FM ステレオ放送の差信号の変調）
　　　・単側波帯 (SSB: Single Side Band) 変調．（短波通信，アマチュア通信等）
　　　・残留側波帯 （SSBC: Single Side Band with low power Carrier） 変調．
　　　　　（アナログテレビジョンの映像信号等）
　　(b) 角変調
　　　・周波数変調 (FM: Frequency Modulation).
　　　　　（ FM ラジオ，アナログテレビジョンの音声信号）
　　　・位相変調 (PM: Phase Modulation). （アナログテレビジョンの色信号等）

(2) パルス変調方式
　　(a) アナログ変調（連続レベル変調）
　　　・パルス振幅変調 (PAM: Pulse Amplitude Modulation).
　　　・パルス幅変調 (PWM: Pulse Width Modulation).
　　　・パルス位置変調 (PPM: Pulse Position Modulation).
　　(b) デジタル変調
　　　・パルス数変調 (PNM: Puls Number Modulation).

　　　　・パルス符号変調 (PCM: Pulse Code Modulation)．（オーディオの PCM 録音等）
　　　　・直交振幅変調 (QAM： Quadrature Amplitude Modulation)．
　　　　　　（デジタルテレビジョン放送，無線 LAN 等）
　　(c) 切り換え方式（ MODEM によるデータ通信，パソコン通信など）
　　　　・周波数切り換え変調 (FSK: Frequency Shift Keying)．
　　　　・振幅切り換え変調 (ASK: Amplitude Shift Keying)．
　　　　・位相切り換え変調 (PSK: Phase Shift Keying)．

(3)　　その他
　　(a) AM-FM 変調（ FM ステレオ放送の差信号等）．
　　(b) FM-FM 変調（アナログテレビジョンの副音声等）．
　　(c) PCM-AM 変調．
　　(d) PCM-FM 変調．
　　(e) FDMA（Frequency Division Multiple Access）．
　　(f) OFDM（Orthogonal Frequency Division Multiplexing）．
　　　　　　（デジタルテレビジョン放送，携帯電話，無線 LAN 等）
　　(g) TDMA（Time Division Multiple Access）．
　　(h) スペクトル拡散変調．
　　(i) CDMA（Code Division Multiple Access）．（携帯電話等）
　　(j) $\triangle - \Sigma$ 変調（Direct Stream Digital 録音等）

　本章では，アナログ変調方式のうち代表的な変調方式を取り上げて説明する．なお，本章
の学習目標は，種々のアナログ変調方式の仕組みを理解することである．

6.1　振幅変調 (AM 変調)

　ある変調信号を $E_s \cos(\omega_s t + \theta)$　（$\omega_s = 2\pi f_s$ ：角周波数），被変調信号（搬送波，キャ
リア（Carrier）という）を $E_c \cos(\omega_c t)$　（$\omega_c = 2\pi f_c$ ：角周波数）とおけば振幅変調され
た信号は以下のようになる．

$$f(t) = \{E_c + E_s \cdot \cos(\omega_s t + \theta)\} \cdot \cos(\omega_c t) = E_c \cdot \{1 + m \cdot \cos(\omega_s t + \theta)\} \cdot \cos(\omega_c t)$$

ここで，m は 変調度 であり，$m = \frac{E_s}{E_c}$ である．また，$f_c >> f_s$ である．三角関数の関係式
を用いて，この式を変形すると以下のようになる．

$$\begin{aligned} f(t) &= E_c \cdot \cos(\omega_c t) + m E_c \cdot \cos(\omega_s t + \theta) \cdot \cos(\omega_c t) \\ &= E_c \cdot \cos(\omega_c t) + \frac{m E_c}{2} \cdot \cos\{(\omega_c + \omega_s) t + \theta\} + \frac{m E_c}{2} \cdot \cos\{(\omega_c - \omega_s) t - \theta\} \end{aligned}$$

この AM 波形は図 6.1 に示すようになる．音声などの信号は，ある 周波数帯（ $0 \sim f_H$ ）を持っているので，図 6.2 に示すように，搬送波の上下にこの信号による周波数帯が現れる．下の周波数帯（ $f_c - f_H \sim f_c$ ）を 下側波帯（Lower Side Band），上の周波数帯（ $f_c \sim f_c + f_H$ ）を 上側波帯（Upper Side Band）という．

また，上の式における送信電力は以下のようになる．

$$P \;=\; P_c + P_L + P_H \;\;\propto\;\; \frac{E_c^2}{2} + \frac{m^2 \, E_c^2}{8} + \frac{m^2 \, E_c^2}{8}$$

従って，搬送波の電力 P_c に対して，上下側波帯にそれぞれ $\frac{m^2}{4}$ 倍の電力を要する．

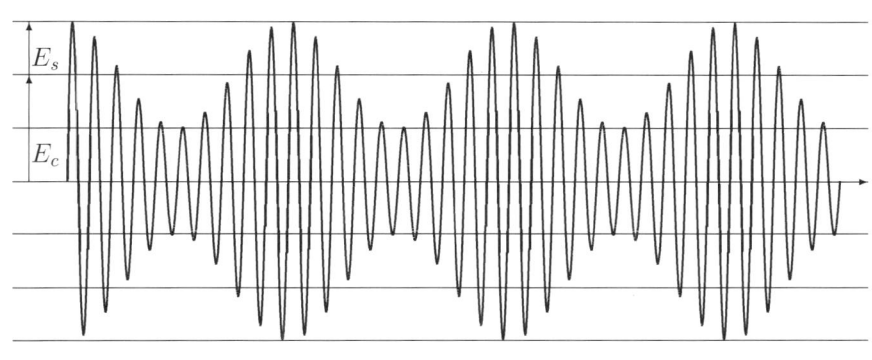

図 6.1 　AM 波

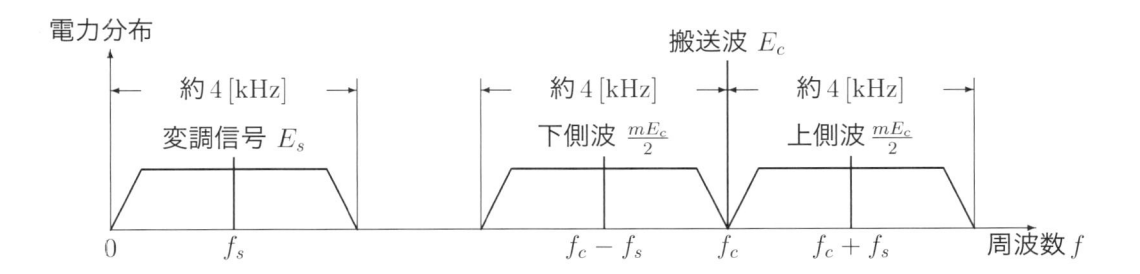

図 6.2 　振幅変調の周波数分布

AM ラジオ放送などの変調波信号はこのような $f(t)$ を用いる．また，側波帯には信号 E_s の情報が含まれており，かつ搬送波に非常に多くの電力を必要とするので，搬送波を取り除いた変調波信号

$$f(t) \;=\; \frac{m \, E_c}{2} \cdot \cos\left\{(\omega_c - \omega_s)\, t - \theta\right\} + \frac{m \, E_c}{2} \cdot \cos\left\{(\omega_c + \omega_s)\, t + \theta\right\}$$

を 搬送波抑圧両側波帯 (DSBSC: Double Side Band Suppressed Carrier) 変調という．そし

て，どちらか一方の側波帯だけの変調波信号

$$f(t) \;=\; \frac{mE_c}{2}\cdot\cos\left\{(\omega_c+\omega_s)\,t+\theta\right\}$$

を 単側波帯 (SSB: Single Side Band) 変調 という．さらに，アナログテレビジョンの映像信号のように，電力を抑えた搬送波と上側波帯を加えた変調波信号を 残留側波帯（SSBC: Single Side Band with low power Carrier）変調 という．DSBSC や SSB の場合，信号の復調時に搬送波を加えて検波（復調）する必要がある．なお，音声で伝達する場合，周波数範囲が $0\sim4\,[\mathrm{kHz}]$ で十分であるため，AM ラジオ放送局の周波数帯域幅（$f_c-f_H\sim f_c+f_H$）は約 $8\,[\mathrm{kHz}]$（$f_H\approx4\,[\mathrm{kHz}]$）である．従って，図 5.1 に示す矩形波を AM ラジオ放送で送る場合，受信側波形として図 5.2 の $n=10$ 程度の波形再生を求めるのであれば，$400\,[\mathrm{Hz}]$ 以下でなければならない．

6.2 AM ラジオの送信機・受信機

AM ラジオ放送の周波数帯は，$531\,[\mathrm{kHz}]\sim1602\,[\mathrm{kHz}]$ であり，$9\,[\mathrm{kHz}]$ 毎に放送局に割り当ててある．AM 変調波を電波として送信するためには，図 6.3 に示すような構成をとる．ここで，搬送波の周波数を安定に発振させるには，恒温槽に格納された水晶振動子を利用した発振器を利用する．そして，音声信号等からの信号で高周波電力増幅部の電源電圧を変化させることによって変調が行われる．

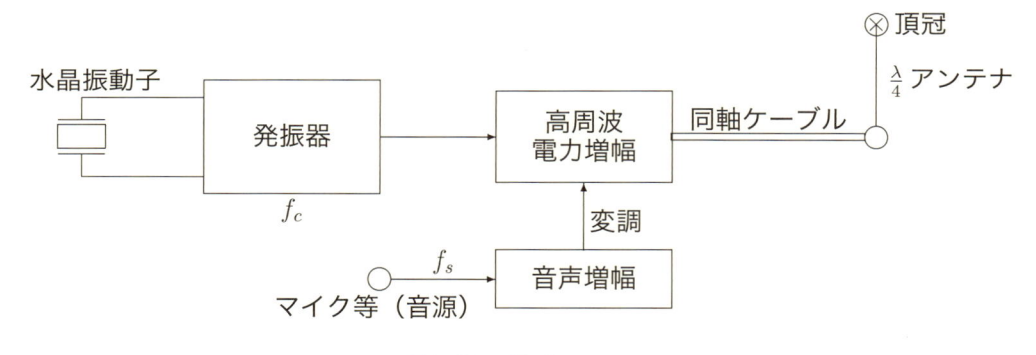

図 6.3　AM 送信機の構成

一方，基本的な受信機は，図 6.4 に示すように，受信周波数が f_c である場合，局部発振周波数が $f_c+455\,[\mathrm{kHz}]$ で発振させ受信周波数 f_c と混合すると，和 $2\times f_c+455\,[\mathrm{kHz}]$ と差 $455\,[\mathrm{kHz}]$（ビート信号 という）が発生する．帯域フィルタ（LC 共振，セラミックフィルタ等）を利用して差 $455\,[\mathrm{kHz}]$ を取り出し中間周波増幅して AM 検波する．検波された音声信号を増幅してスピーカ等で出力する．ここで，自動利得調整（AGC：Automatic Gain

Control）は，受信電波の強弱（フェージング）による音声の大小を少なくするため，AM 検波後の直流分を中間周波増幅に戻して 利得（Gain）を下げる負帰還回路である．この方式を スーパーヘテロダイン方式 という．

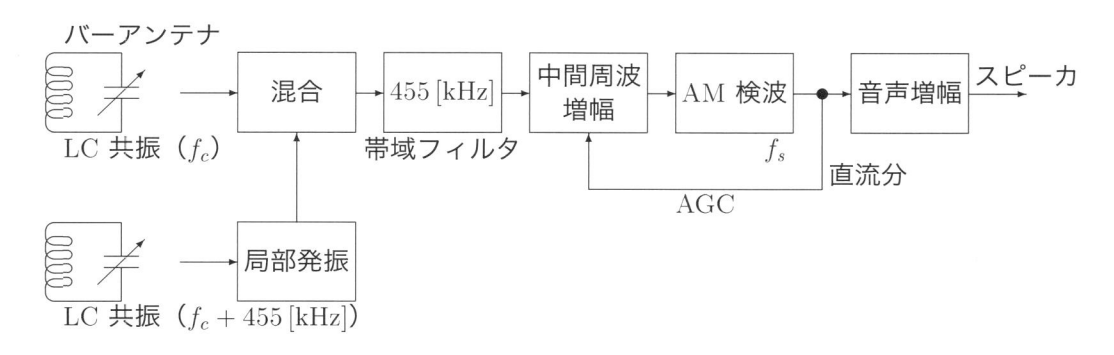

図 6.4　AM 受信機の基本構成

　AM ラジオ受信機において，図 6.4 に示す基本的なスーパーヘテロダイン方式の他，ストレート方式，レフレックス方式，超再生方式 などがある．ストレート方式は，*LC* 共振によって選局し，それを直接検波する場合と，高周波増幅を行ってから検波する場合がある．鉱石ラジオが前者である．レフレックス方式は，主に 2 個のトランジスタを利用し，最初のトランジスタが高周波増幅と音声増幅の 2 役を行う．すなわち，*LC* 共振によって選局された信号を増幅し，検波した音声信号を再び同じトランジスタで増幅する方式である．最後の超再生方式は，高周波増幅において，コンデンサなどで少し入力側に帰還し，発振ぎりぎりにすることによって感度がもっとも高くなることを利用する方式である．

6.3　周波数変調（**FM変調**）

　位相変調（ PM: Phase Modulation ）と 周波数変調（ FM: Frequency Modulation ）の信号波は，それぞれ以下のように表される．

$$f(t) = E_c \cdot \cos\{\omega_c t + \omega_p \cdot m(t)\} \qquad \text{(PM 波)}$$
$$f(t) = E_c \cdot \cos\left\{\omega_c t + \omega_f \cdot \int_0^t m(t)\, dt\right\} \qquad \text{(FM 波)}$$

ここで，$m(t)$ は $m(t) = E_s \cdot \cos(\omega_s t)$ である．この FM 波は図 6.5 に示すようになる．また，この FM 波を変形すると以下のようになる．

$$f(t) = E_c \cdot \cos\left\{\omega_c t + \frac{\omega_f}{\omega_s} \cdot E_s \cdot \sin(\omega_s t) + \theta\right\} = E_c \cdot \cos\left\{\omega_c t + \frac{\Delta\omega}{\omega_s} \cdot \sin(\omega_s t) + \theta\right\}$$
$$= E_c \cdot \cos\{\omega_c t + \beta \cdot \sin(\omega_s t) + \theta\}$$

ここで，$\Delta\omega(=\omega_f E_s)$ は **角周波数偏移** であり，β は **変調指数** である．なお，この信号を級数展開すれば以下のようになる．

$$f(t) \;=\; E_c \cdot \sum_{n=-\infty}^{\infty} J_n(\beta) \cdot \cos(\omega_c t + n\,\omega_s t)$$

ここで，$J_n(\beta)$ は ベッセル関数（Bessel Function）である．

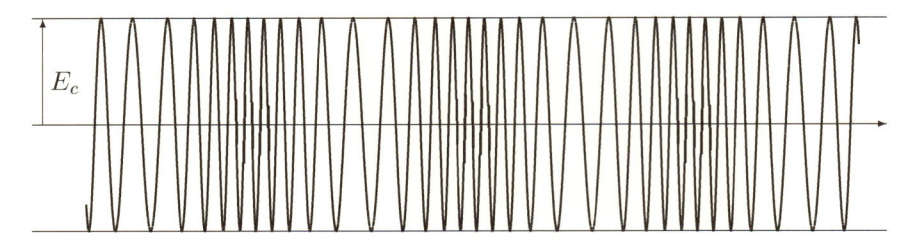

図 6.5　PM 波 ・ FM 波

音声だけを伝送する特殊な場合として，狭い帯域で FM 変調を行う場合（狭帯域周波数変調 という），変調指数 β が 0 に近いため，次のような近似を行う．

$$J_0(\beta) \;\approx\; 1, \qquad\qquad J_1(\beta) = J_{-1}(\beta) \approx \frac{\beta}{2}$$

$$J_n(\beta) \;=\; J_{-n}(\beta) \approx 0 \qquad\quad (\,|\,n\,|>1)$$

この電力分布は，図 6.2 の AM 変調の場合と同じとなる．なお，FM ラジオ放送の周波数帯域幅は 200 [kHz] である．このため，同じ 400 [Hz] の矩形波を送る場合，AM ラジオ放送に比べ多くの高調波（$n=250$）を送ることができるので，より正確な矩形波を再生できることになる．逆に言えば，図 5.2 の $n=10$ 程度の再生波を要求するのであれば，10 [kHz] の矩形波を送ることができることになる．

6.4　FM ラジオの送信機・受信機

　FM ラジオ放送の周波数帯は，日本では 76 [MHz]〜89 [MHz] であり，100 [kHz] 毎に放送局に割り当ててある．FM 変調波を電波として送信するためには，図 6.6 に示すような構成をとる．ここで，搬送波に対する変調は，発振器の発振周波数を信号で変化させてから高周波電力増幅を行ってアンテナから送信する．一方，基本的な受信機は，図 6.7 に示すように，受信周波数が f_c である場合，局部発振周波数が $f_c \pm 10.7$ [MHz] で発振させ受信周波数 f_c と混合すると，和 $2 \times f_c \pm 10.7$ [MHz] と差 10.7 [MHz]（ビート信号）が発生する．帯域フィルタ（LC 共振，セラミックフィルタ等）を利用して差 10.7 [MHz] を取り出

し リミッタ増幅（中間周波増幅）する．これによって雑音を抑圧することができる．これを FM 検波し，音声信号を増幅してスピーカ等で出力する．ここで，自動周波数制御（AFC：Automatic Frequency Control）は，外部環境による局部発振周波数の変化に対して，FM 検波後の直流分を局部発振回路に戻し，発振周波数を制御する回路である．

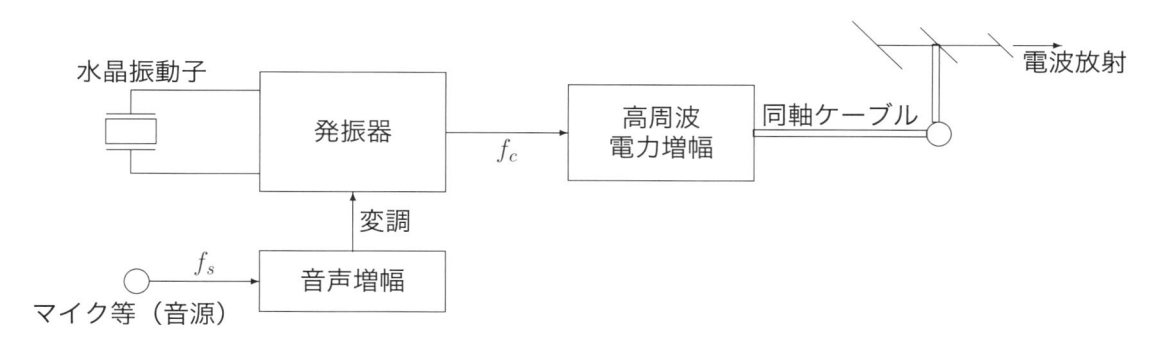

図 6.6　FM 送信機の構成

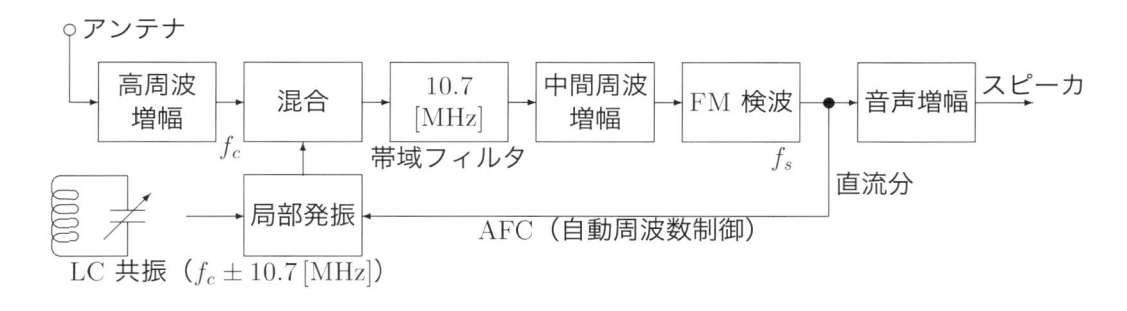

図 6.7　FM 受信機の基本構成

　現在も運用中の FM ステレオ放送の原理を示すため，FM 検波出力の周波数分布は図 6.8 のようになる．すなわち，音声領域は右信号（R）と左信号（L）の和信号（$R+L$）（通常の音声信号），19 [kHz] の パイロット信号，38 [kHz] を 副搬送波（サブキャリア）として R と L の差信号（$R-L$）を AM 変調を行って 副搬送波 を取り除いた DSBSC 変調信号，76 [kHz] を 副搬送波 とする文字多重放送用信号からなる．従って，19 [kHz] のパイロット信号を 2 倍（逓倍 という）して，差信号 $R-L$ の DSBSC 信号とを混ぜて，図 6.9 に示す リング検波 すれば，差信号 $R-L$ が得られる．和信号 $R+L$ との和・差によって，R 信号・L 信号が得られる．これらの音声信号を増幅して左右のスピーカから出力することによって，ステレオとなる．

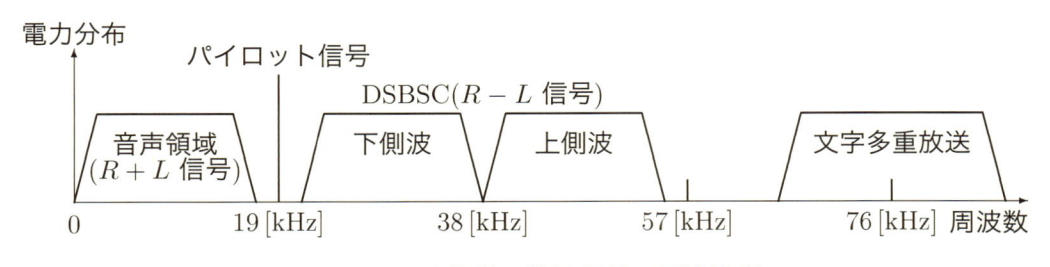

図 6.8 FM ステレオ放送の検波信号の周波数帯

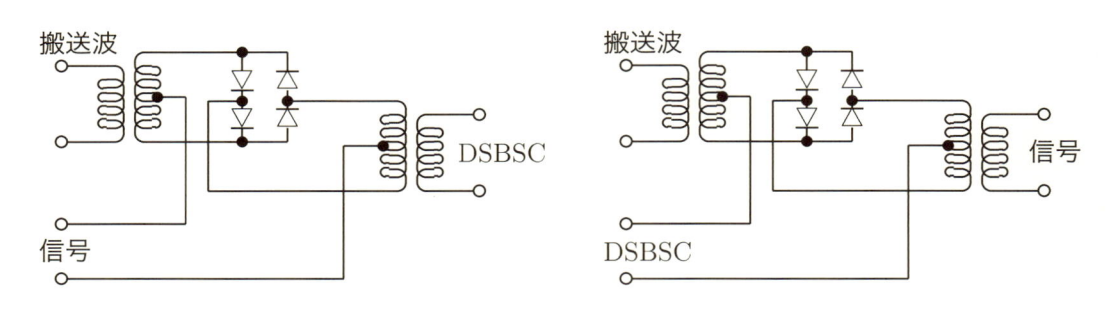

図 6.9 リング変調（左）とリング検波（右）

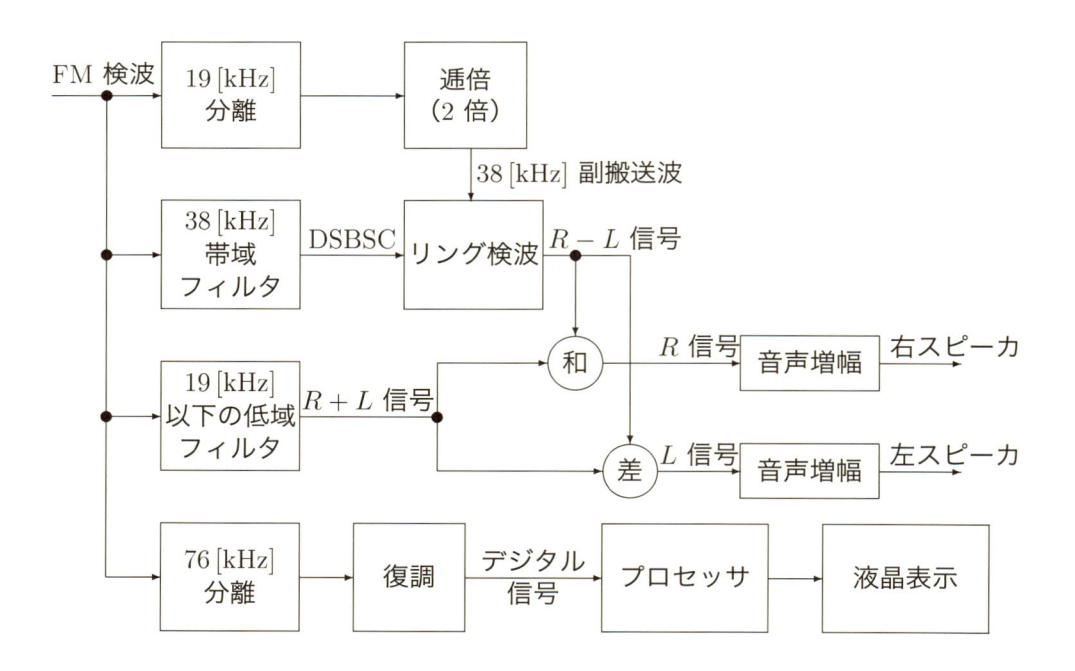

図 6.10 FM ステレオ分離・文字多重放送部

さらに，FM 文字多重放送は，76 [kHz] の 副搬送波 を用いて FSK （Frequency Shift Keying，次章参照）を用いた デジタル変調 を行い，伝送速度は 16 [*kbps*] である．図 6.10 に示すように，復調されたデジタル信号は組み込みプロセッサによって処理され，液晶表示される．1995 年に国際統一規格として採択され，見えるラジオ として発売されたが，インターネットや携帯電話の急速な進展により影が薄れてしまった．一部の地下鉄掲示版などに利用されている程度である．

6.5　アナログテレビジョン

図 6.11 に示すアナログテレビジョンの変調方式は 残留側波帯変調 であり，デジタルテレビジョン放送の普及とともに，すでに過去のものとなったが，当時の技術のすべてを投入された非常に効率がよい方式である．音声においても，ステレオ放送を実現するためFM 検波後の信号は，図 6.12 に示すように，右側音声信号 R と左側音声信号 L の差信号 $R - L$ を 31.5 [kHz] の副搬送波による FM 変調を行っている．FM ラジオ放送の場合と同様，音声領域 $R + L$ 信号と，差信号 $R - L$ の和・差によって右信号 $2R$ および左信号 $2L$ を得ている．そしてまた，この帯域内でカラー放送も可能にしている．映像信号（検波出力）例を示すと図 6.13 のようになり，カラーバースト信号を基準信号として，その位相差によって色を出力する．この変調方式は，図 6.11 に示すように 3.58 [MHz] の 副搬送波 （サブキャリア）による 位相変調 を取り入れている．

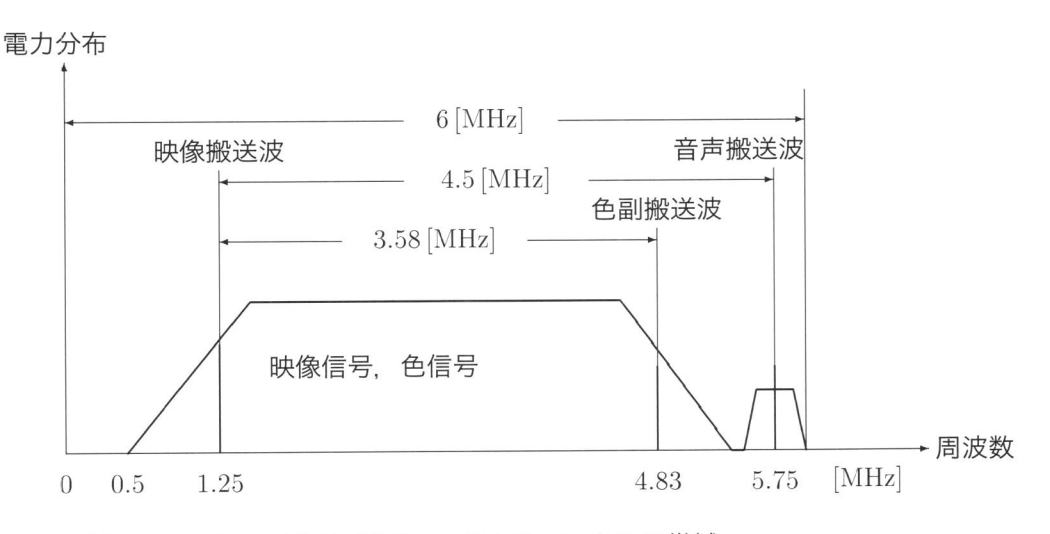

図 6.11　アナログテレビジョンの 1 チャンネルの帯域

　図 6.13 に示す映像信号は 1 走査線分であり， 525 走査線で 1 画面（縦横3：4）を構成する．さらに，1 秒間に 30 画面が転送される．ただし，262.5 走査線を 2 回で 1 画面を構成する インターレース方式 である．従って，1 画面は 525（縦）× 700（横）＝ 367,500 画素で構成され，1 秒間に 11,025,000 画素分転送されることになる．1 画素の白黒レベルを 32 レベル（5 ビット）とすれば，約 55 [Mbps] となる．すなわち，アナログテレビジョンの画質であれば，約 55 [Mbps] となる．

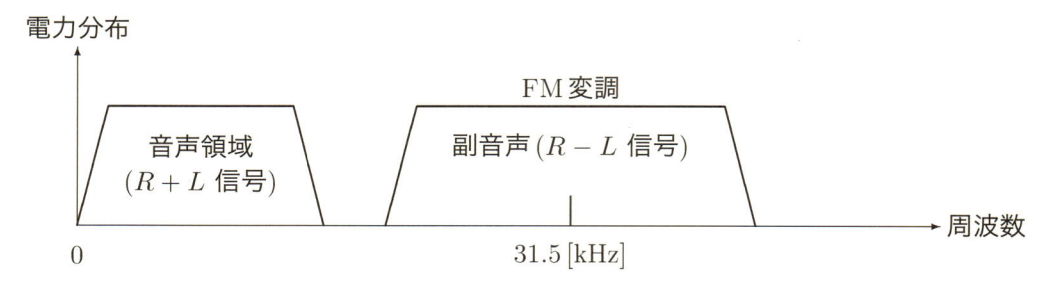

図 6.12　アナログテレビジョン音声多重放送の周波数帯

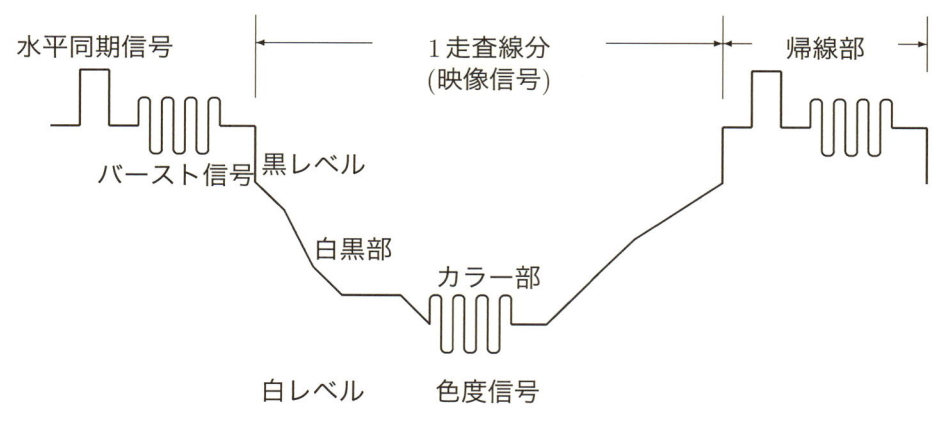

図 6.13　映像信号（検波出力）の例

　実際に，垂直走査周波数は 59.94 [Hz]（約 60 [Hz]），水平走査周波数は 15734.265 [Hz]である．1 秒間に 29.97 画面であるから，約 0.33 [msec]（$= \frac{1}{2 \times 59.94}$）毎に同じ信号が繰り返される．また，垂直同期信号は約 0.67 [msec]（$= \frac{1}{59.94}$）毎に，水平同期信号は約 63.6 [μsec]（$= \frac{1}{15734.265}$）毎に同じ信号が繰り返される．これらの信号が正確に再生されるためには，水平走査周波数の約 $\frac{3.5 [\mathrm{MHz}]}{15734.265 [\mathrm{Hz}]} \approx 222$ 倍の周波数帯域が必要である．この周波数帯域内において，29.97 [Hz] の倍数に信号が集中する．なお，このような映像信号は，現在のデジタルテレビジョンの映像出力としても利用されている．

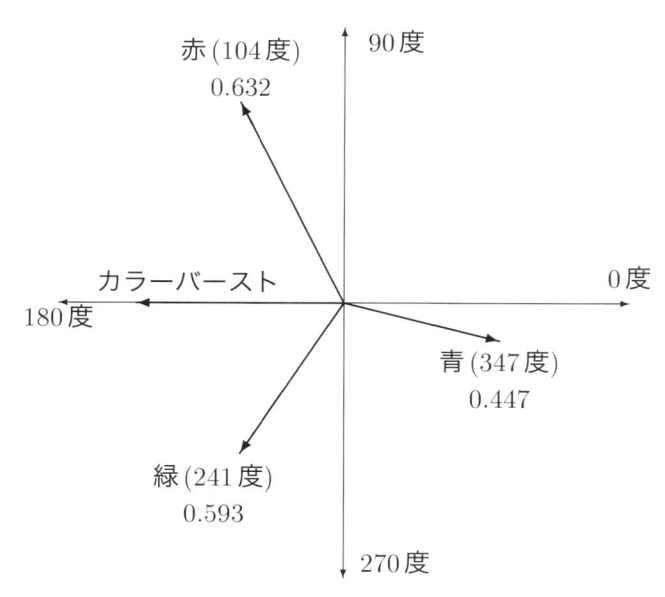

図 6.14　カラー信号のベクトル(色の3原色)

6.6　時間分割多重通信方式 (TDMA)

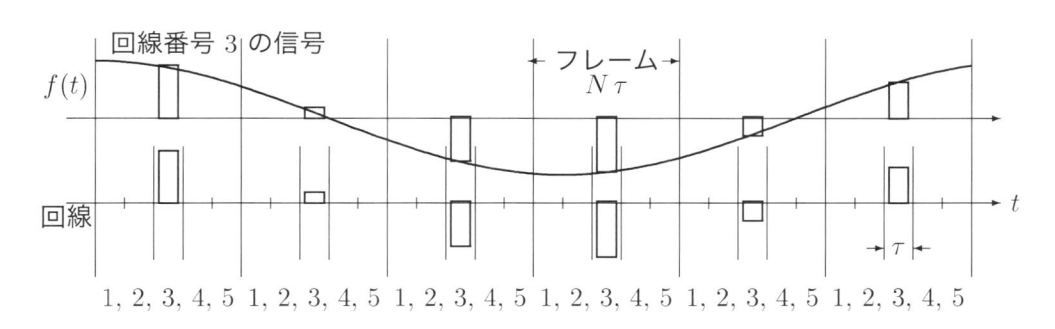

図 6.15　時間分割多重通信方式 (TDMA)

　時間分割多重通信方式 (TDMA：Time Division Multiple Access) は，図 6.15 に示すように 1 本の回線を時間的に τ 毎に分割して，割り当てられた区間 $N\tau + (n-1)\tau \leq t < N\tau + n\tau$ にアナログ信号 $f(t)$ を伝送する方法である．ここで，N は利用する回線数（図では $N = 5$）であり，$n\,(= 1,\,2,\,\cdots,\,N)$ は割り当てられた回線番号である．受信側では，$N\tau$ 毎の離散的なアナログ信号 $f(t)$ を受信することになる．従って，この方法で $0 \sim 5\,[\mathrm{kHz}]$ の音声信号を伝送する場合，サンプリング周波数は $f_s = 2 \times 5\,[kHz] = 10\,[\mathrm{kHz}]$ 以上必要であるから，$\tau = \frac{1}{N \cdot f_s} = \frac{1}{5 \cdot 10} = 0.02\,[\mathrm{msec}]$ 以下となる．この方法は，時間的に同期を取る必要があ

り，割り当て回線数も数十回線程度である．

6.7　周波数分割多重通信方式 (FDMA)

　周波数分割多重通信方式（FDMA：Frequency Division Multiple Access）は，図 6.16 に示すように異なる複数の搬送波（副搬送波，サブキャリア）f_{cn} で AM 変調や FM 変調を行い，1 本の回線でそれぞれの回線の信号を伝送する方法である．これは，海底ケーブルによる通信やケーブルテレビなどに用いられている．マイクロ波回線や衛星通信などでは，これをさらに 主搬送波 で AM 変調や FM 変調を行って，複数の回線の信号を伝送している．この変調方式を AM–AM 変調，AM–FM 変調，FM–FM 変調 などという．このような多重通信の場合，各回線の帯域フィルタを厳密に設計しないと漏洩の問題（クロストーク という）を引き起こす．デジタル変調の周波数スペクトルの特徴から，帯域をオーバラップして多重化通信を行う OFDM （Orthogonal Frequency Divishion Multiplexing）方式（直交周波数多重方式）がある（第 7 章参照）．

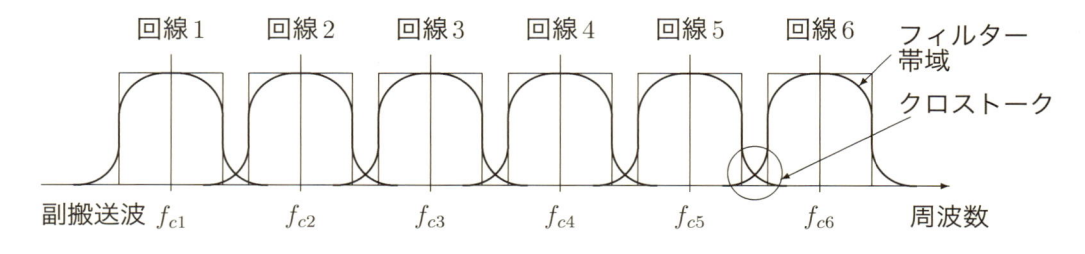

図 6.16　周波数分割多重通信方式 (FDMA)

6.8　パルス変調方式

　パルス変調方式は，図 6.17 (b) に示すように，(a) の信号 $f(t)$ を一定時間 τ 毎にサンプリングした値 $x_n = f(n\tau) + E$ をそのまま伝送する方法を パルス振幅変調 という．ここで，E は x_n が負の場合でも正になるようにした バイアス である．また，x_n に従って (c) のようにパルス幅を変化させる方法を パルス幅変調 といい，(d) のように τ 内の位置を変化させる方法を パルス位置変調 という．さらに，x_n に対応する数をパルス数とする場合を パルス数変調 といい，(e) のように，このパルス数を 2 進数で表した数とする場合を パルス符号変調 という．ここで，(b) 〜 (d) は，パルスの振幅，幅，位置を変化させる方法であり，アナログ変調である．しかしながら，パルス数変調 および (e) の パルス符号変調 はデジタル変調である．前者は，パルス数が多くなるので，通常は利用しない．そこで，パルス符号変調 については，次章のデジタル変調方式で述べる．

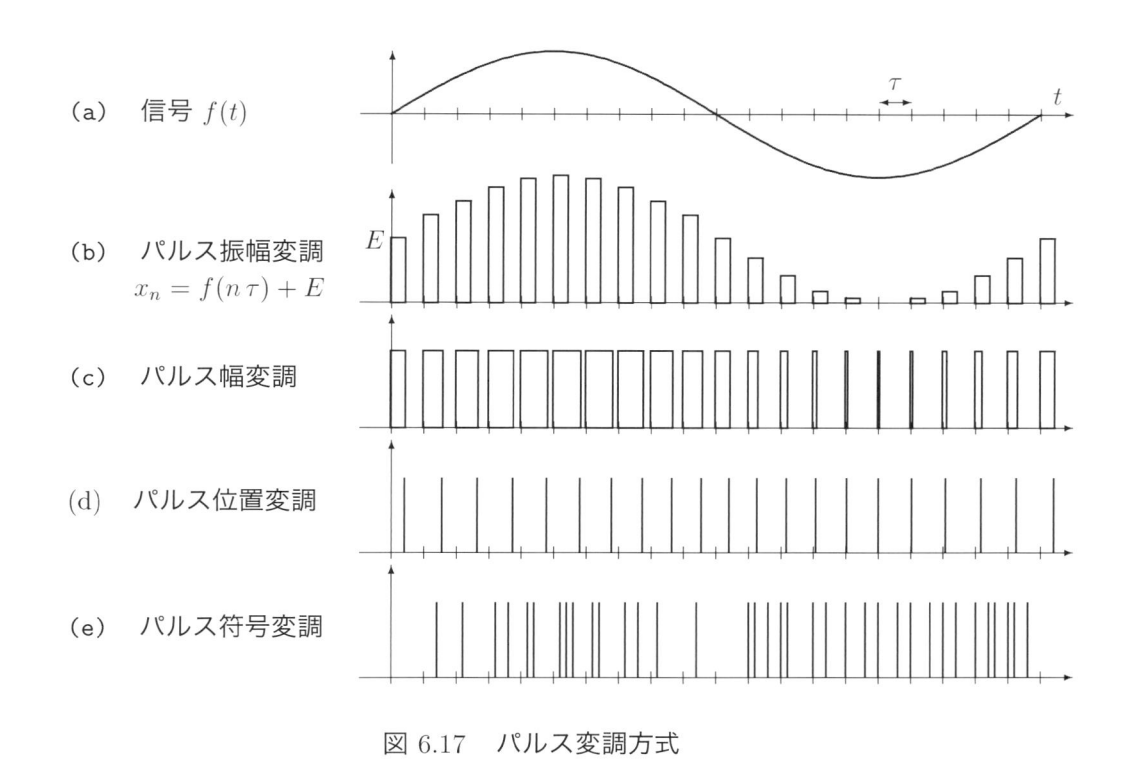

(a) 信号 $f(t)$

(b) パルス振幅変調
$x_n = f(n\,\tau) + E$

(c) パルス幅変調

(d) パルス位置変調

(e) パルス符号変調

図 6.17　パルス変調方式

6.9　信号と雑音

　雑音には外部雑音と内部雑音がある．外部雑音には，雷などのような自然現象による雑音と人間生活から発生する人工的な雑音がある．さらに，内部雑音には電子の熱じょう乱などによる雑音がある．そして，温度 T の抵抗 R における熱（内部）雑音電圧の分散（平均 0 の ガウス分布 の分散）は，次式で与えられる．

$$\sigma^2 \;=\; \frac{2\,(\pi\,k\,T)^2 R}{3\,h}$$

ここで，k, h, T はそれぞれボルツマン定数（Bottzmann Constant: 1.37×10^{-23}），プランク定数（6.62×10^{-34}），ケルビン温度（度 K）である．従って，抵抗においても雑音発生源であるといえる．

　我々が実際にラジオなどで経験する雑音は，これらの外部雑音と内部雑音が混在したものである．そして，この雑音はパルス的なもので，これらのパルス同士の相関（関係）は全くない．従って，独立した 1 個のパルス雑音の信号をデルタ関数とすれば，デルタ関数のフーリエ変換の絶対値は 1（一定）であるから周波数領域に一様に分布していることになる．

従って，周波数帯域幅を広くすると，雑音が多くなるので，必要以上に広げないことが必要である．このような雑音を ガウス雑音 あるいはホワイトノイズ（白色雑音）という．

　さらに，目的とする信号が微弱であるために，雑音にこの信号が埋もれて聞き取れないことがある．これを表す単位として，信号対雑音比（S/N 比，Signal/Noise Ratio）がある．これは，信号の電力（Signal Power）を $P_s = \frac{V_s^2}{R}$，雑音電力（Noise Power）を $P_n = \frac{V_n^2}{R}$ とすれば，次式で定義されている．

$$10 \cdot \log_{10} \frac{P_s}{P_n} = 20 \cdot \log_{10} \frac{V_s}{V_n} \qquad [\text{dB}]$$

従って，この値が大きければ大きいほどよいことになる．また，受信機などにおいて，帯域フィルタの帯域を信号帯域以上に広げると，雑音の周波数成分が一様であるから雑音電力が大きくなって信号が雑音に埋もれてしまうことになる．このことから，S/N 比を上げるためには，受信機のフィルタ帯域を必要以上に広げないことが必要である．

練習問題 6

問6.1　　AM 変調波の搬送波送信電力 P_c，下側波の送信電力 P_L，および上側波の送信電力 P_H を求めなさい．

問6.2　　変調信号の電力分布を図 6.18 のようにおくと，AM 変調の総送信電力を求めなさい．ここで，変調度を m とおく．

図 6.18　　変調信号の電力分布

問6.3　　AM 変調と SSB 変調が同じ変調度であり，変調信号の電圧分布が図 6.18 とおくと，同じ電力の送信機であれば，どちらが遠くまで情報を伝えることができるか検討しなさい．

問6.4　　検波ダイオードは AM 変調波を 2 乗する特性がある．この特性を利用して信号を取り出す方法（2 乗検波 という）がある．AM 変調波を，検波ダイオードを通すことによって，信号波が得られることを示しなさい．

第7章 送信系・受信系（デジタル変調）

インターネットや携帯電話が普及した現在における通信のほとんどは，デジタル通信である．このデジタル通信方式には，パルス信号（デジタル信号 0 と 1）を周波数や位相等に変化させて伝送する方式をとる．さらに，1 つの電波で 1 つのデジタル信号を送るのは無駄が多いので，複数のデジタル信号を多重化する方法として 時間分割多重（Time Division Multiple Access），周波数分割多重（Frequency Division Multiple Access），符号分割多重（Code Division Multiple Access）などがある．本章では，デジタル変調方式のうち代表的な変調方式を取り上げて説明する．また，2011 年 7 月に一部の地域を除き，地上デジタルテレビジョン放送が開始した．この変調方式は，今後数十年維持するための最新技術が搭載されている．この変調方式についても述べる．なお，本章の学習目標は，種々のデジタル変調方式の仕組みを理解することである．

7.1 FSK 通信方式

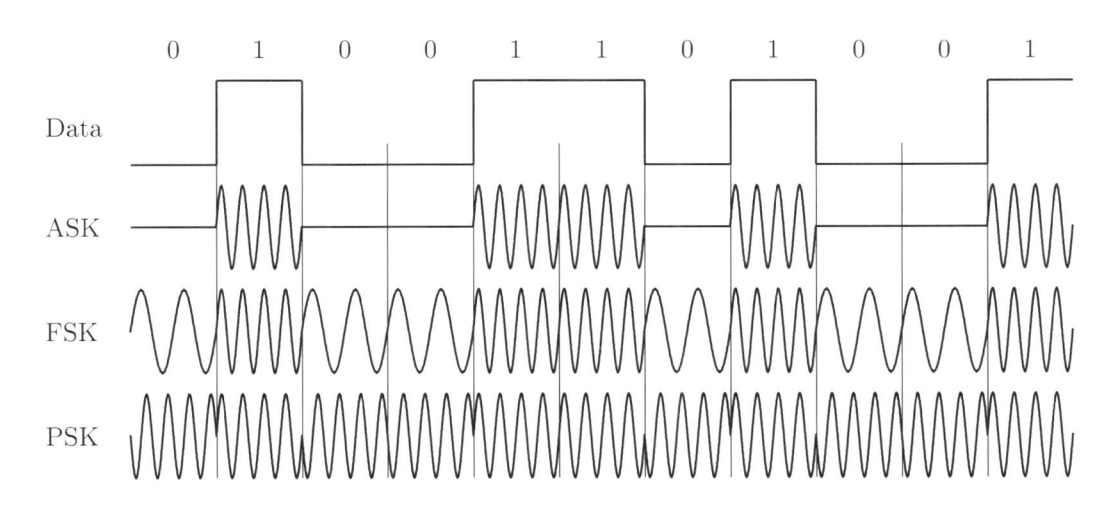

図 7.1 ASK 通信，FSK 通信，PSK 通信

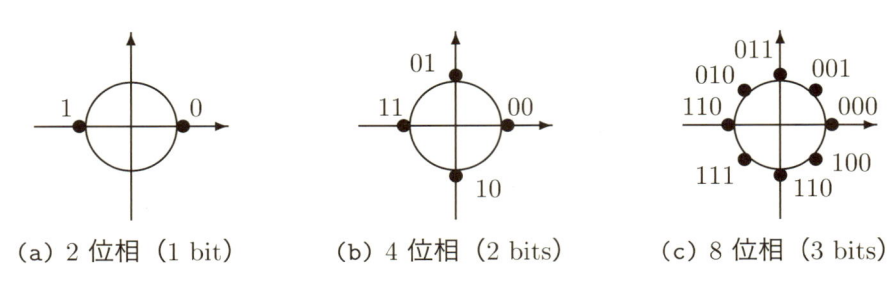

(a) 2 位相（1 bit）   (b) 4 位相（2 bits）   (c) 8 位相（3 bits）

図 7.2   位相切り換え方式

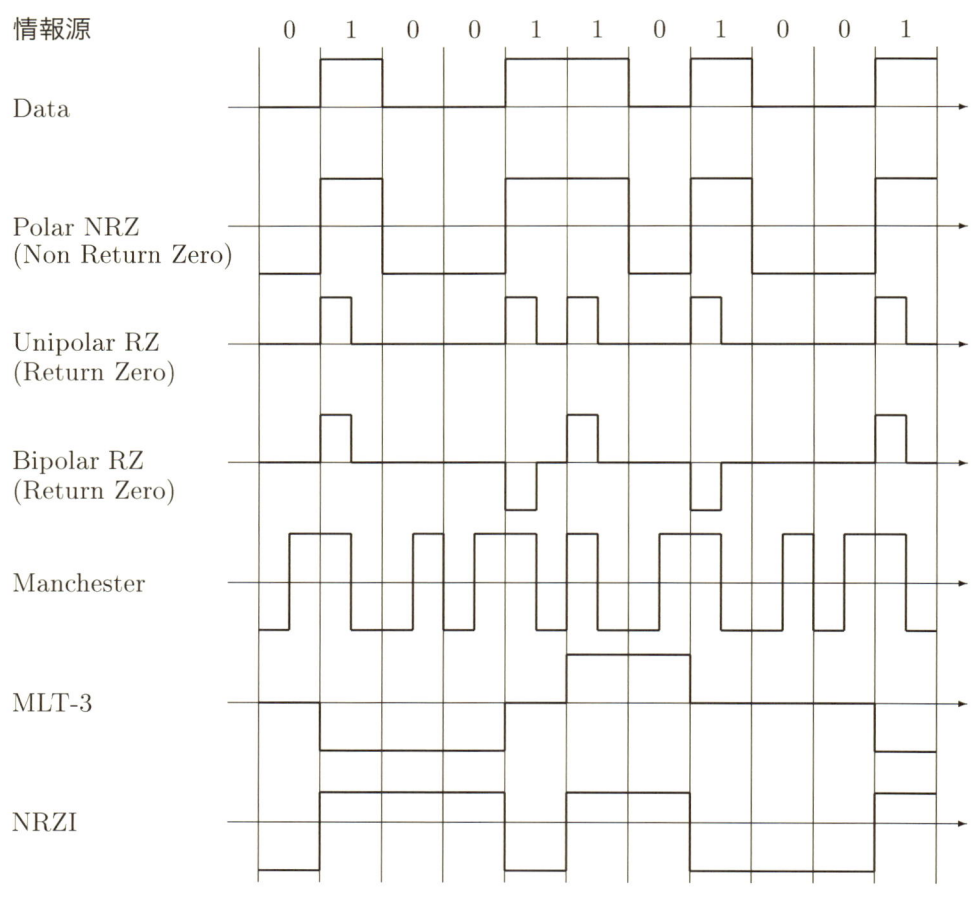

図 7.3   ハードディスク等への記録方式

　電話回線を利用して，コンピュータ間通信などのデジタル信号を伝送する場合，図 7.1 に示すように，1 のときだけある周波数を出力する 振幅切り換え変調方式（ASK：Amplitude

Shift Keying），0 と 1 を 2 つの周波数 f_1 と f_2 の切り換えで行う 周波数切り換え変調方式（FSK：Frequency Shift Keying），0 と 1 によって 2 位相（π）に変える 位相切り換え方式（PSK：Phase Shift Keying）を用いる．FSK では，たとえば 300 [bps](Bit Per Second) のデジタルデータを伝送する場合，0 を 1200 [Hz] に，1 を 2400 [Hz] に対応した周波数を用いて，これらの周波数の切り換えで伝送される．位相変調においては，さらに図 7.2 に示すように，2 ビットを 4 位相（$\frac{\pi}{2}$）で，3 ビットを 8 位相（$\frac{\pi}{4}$）で表す方法などがある．さらには，デジタルテレビジョン放送にも利用されているように，n ビットを振幅と位相で表す 2^n- 直交振幅変調（2^n- QAM: Quadrature Amplitude Modulation）がある．

また，少ない変化でデジタルデータを表す方法として，図 7.3 に示すように，ハードディスク等への記録用信号がある．特に，もっとも下の NRZI（Non Return Zero）方式（詳細は第 9 章のマルコフ情報源を参照）はハードディスクやフロッピディスクへの高密度記録方式として広く使われている方式である．これらの記録方法はデジタル通信にも利用できるので示した．

7.2　パルス符号変調（**PCM**）

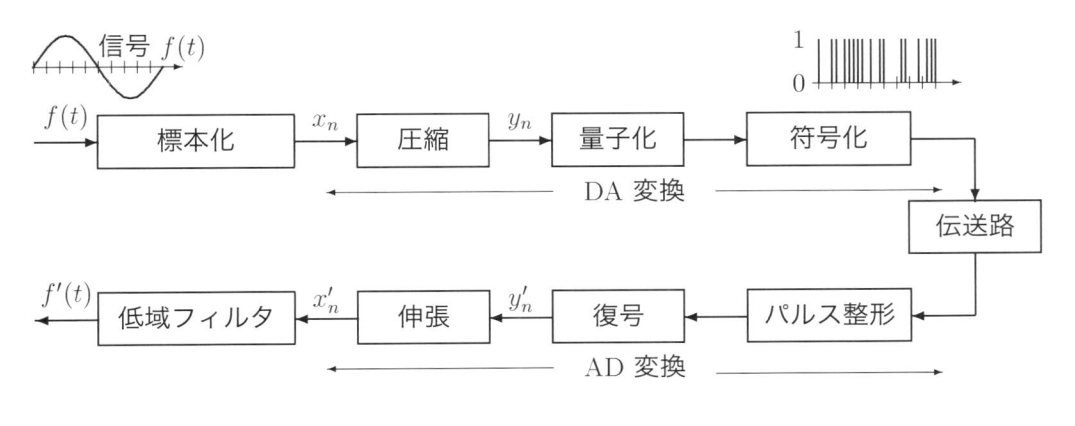

図 7.4　PCM 変調方式

アナログ信号 $f(t)$ を一定時間 τ 毎にサンプリングを行い、その値 $x_n = f(n\tau)$ を 2 進法で符号化し，伝送（または，記録）する方法を パルス符号変調（PCM: Pulse Code Modulation）という．ここで，サンプリング周波数 $\frac{1}{\tau}$ は，アナログ信号 $f(t)$ の最大周波数（高調波）の 2 倍以上の周波数で行う必要がある（第 8 章で示す ナイキスト速度）．CD 録音はこの PCM 録音を利用しており，サンプリング周波数は $\frac{1}{\tau} = 44.1$ [kHz]，符号化レベルは 16 ビットである．また，ハイレゾ音源では，$\frac{1}{\tau} = 96$ [kHz]，符号化レベルは 24 ビットである．

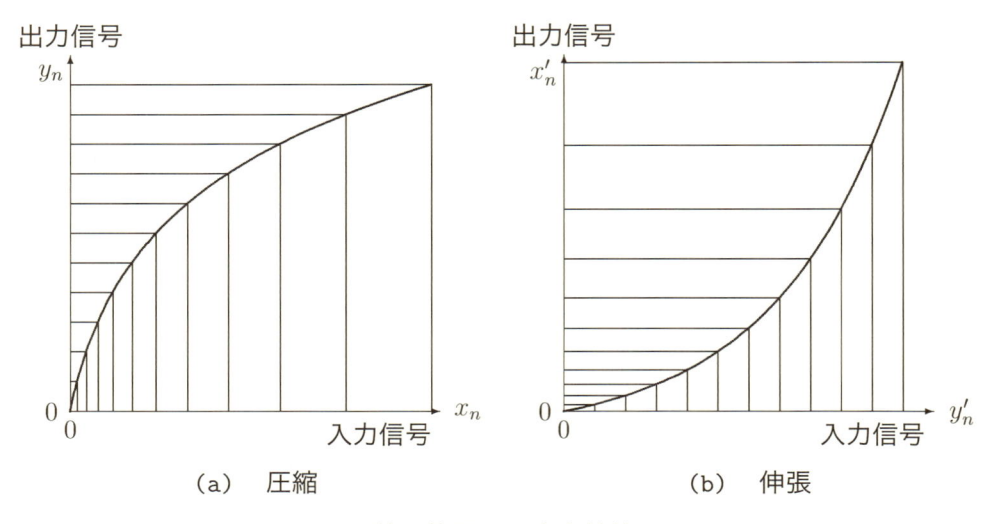

（a）　圧縮　　　　　　　　　　（b）　伸張

図 7.5　圧縮と伸張の入出力特性

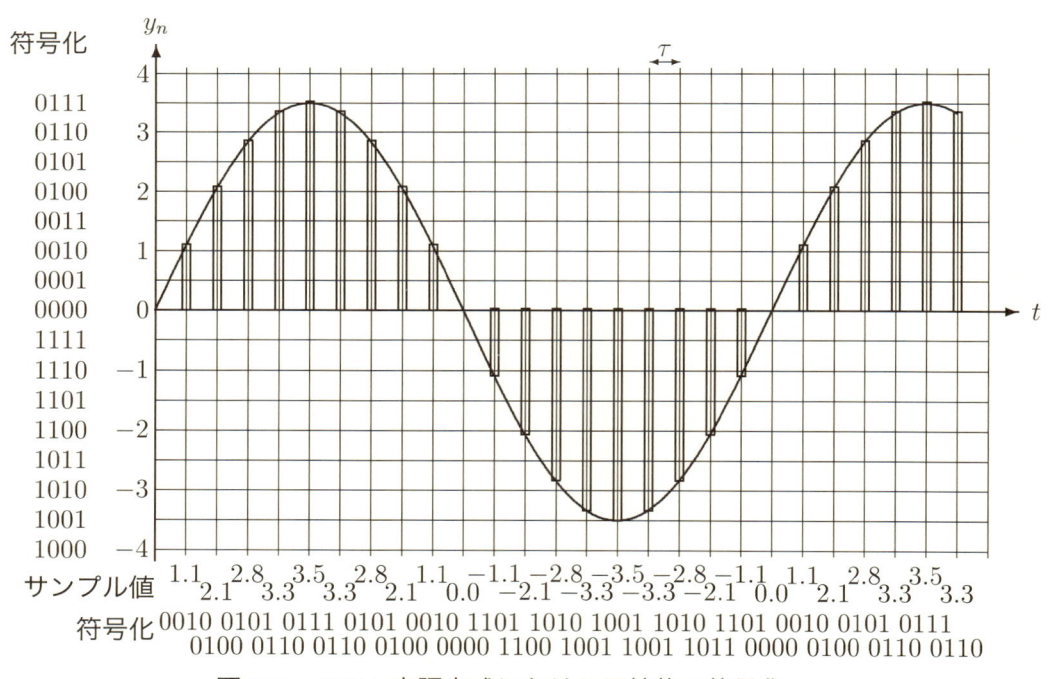

図 7.6　PCM 変調方式における圧縮後の符号化

　この方法の変調および復調は，図 7.4 に示すようになる．なお，サンプル値 $x_n = f(n\tau)$ のままでは，パルス振幅変調（PAM: Pulse Amplitude Modulation）となる．サンプル値 x_n において，小さな値に対しては細かく量子化し，大きな値に対しては粗く量子化した方

がよい．そこで，図 7.4 の 圧縮 において，図 7.5 (a) に示す入出特性（一般には 対数圧縮）によって圧縮 $y_n = S_{x_n} \cdot a \cdot \log_e(|x_n| + 1))$ を行う．ここで，S_{x_n} は $x_n \geq 0$ のとき $S_{x_n} = 1$，$x_n < 0$ のとき $S_{x_n} = -1$ の符号を表す記号であり，x_n が負に対して図 7.5 の入出力特性が原点で点対象の特性である．これによって，y_n を図 7.6 に従って量子化を行い，2 進数の符号化（図 7.6 では 2 の補数）を行う．この操作は AD（Analog Digita）変換と同じである．一方，復調はこの逆の操作であり，なかでも 伸張 は図 7.5 (b) に示す入出力特性（圧縮の逆で指数伸張）であり，$x'_n = S_{y'_n} \cdot e^{\frac{|y'_n|}{a}}$ となる．この操作は DA（Digital Analog）変換と同じである．図 7.6 は，圧縮後の信号 y_n と，4 ビットでの量子化（図 7.6 では 0.5 毎の 16 レベル）の様子を示したものである．なお，量子化を行う際，量子化レベル（図 7.6 では 0.5 毎）を超えた分を切り捨てているので，復調する場合ひずみ（誤差）が生ずる．この誤差を 量子化雑音 という．そこで，信号電力およびひずみ電力を次式で表す．

$$P_S = \frac{K}{N} \cdot \sum_{n=0}^{N-1} x_n^2, \qquad\qquad P_N = \frac{K}{N} \cdot \sum_{n=0}^{N-1} (x_n - x'_n)^2$$

ここで，K は比例定数である．これから，S/N 比は次式である．

$$S/N = 10 \cdot \log_{10} \frac{P_S}{P_N} = 10 \cdot \left\{ \log_{10} \sum_{n=0}^{N-1} x_n^2 - \log_{10} \sum_{n=0}^{N-1} (x_n - x'_n)^2 \right\} \qquad [\text{dB}]$$

この S/N 比を大きくしたい場合，量子化レベルを細かくして，符号化のビット数を多くすることになる．

7.3　符号分割多重通信方式（CDMA）

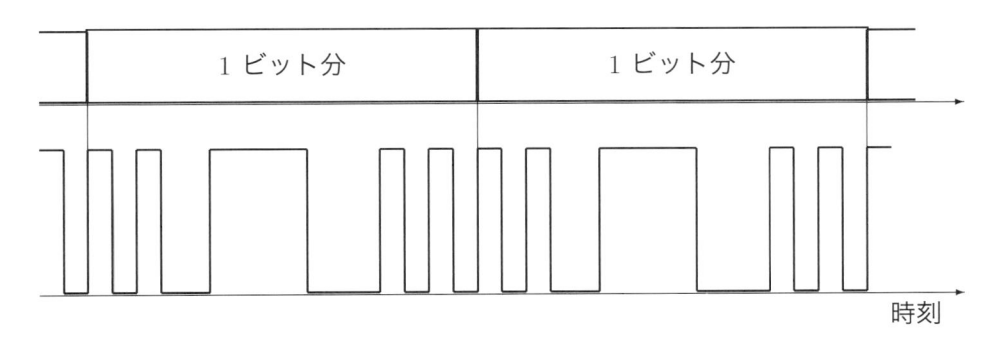

図 7.7　CDMA 通信方式の原理

符号分割多重通信方式（CDMA：Code Division Multiple Access）の基本原理は，図 7.7 に示すように，一つのデジタル信号（0 および 1）に符号を割り当て，1 ビットをこの符号で送信し，受信側ではこれと同じ符号を混合して，一致した数が多い信号を取り出す方法で

ある．具体的に 8 ビットの符号で示すと，次に示すように，お互いに一致する数が 4 である符号を用いる．

$$(11110000)_2, \ (11001100)_2, \ (10101010)_2, \ (00111100)_2,$$
$$(10100101)_2, \ (10010110)_2, \ (01100110)_2$$

すなわち，同じ符号であれば一致数（自己相関 という）が 8 となり，他の符号との一致数（相互相関 という）が 4 となる．この符号の一致数の違いで目的とするデジタル信号を取り出すという方法である．

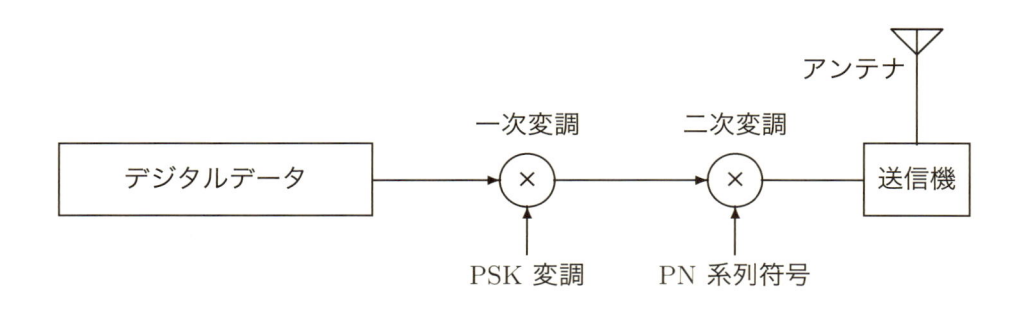

図 7.8　　CDMA 通信方式の送信機例（DS 方式）

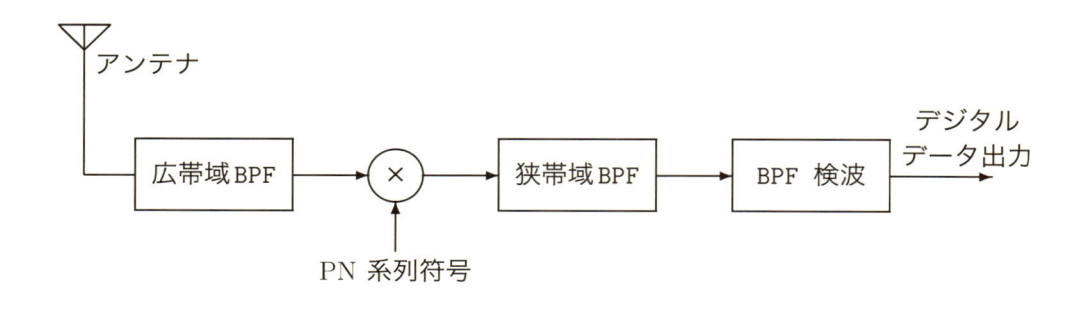

図 7.9　　受信機例（DS 方式）

　CDMA 通信方式の送信機は，図 7.8 の構成例のように，直列に出力されたデジタル信号を一次変調（例えば PSK 変調）を行い，さらに PN（Pseudorandom Noise）系列符号によって変調（二次変調）を加える．このような同期 CDMA 方式を用いると，1 ビットを送信するのに複数の符号ビットを使うので，1 ビットを単に搬送波で送信する場合の帯域に比べ，CDMA 通信方式の帯域は広がることになる．このような理由から 拡散変調 とも呼ばれる．ここで，符号ビットの 1 ビットを チップ区間 という．また，この PN 系列符号の矩形波はランダムであることが必要である．なお，図 7.9 は受信機の構成例である．

7.4 $\Delta - \Sigma$ 変調方式

$\Delta - \Sigma$ 変調（Delta - Sigma Modulation）方式は，図 7.10 (a) に示すように，アナログの入力信号を 1 ビットのデジタル信号で表す方法である．すなわち，入力信号電圧が高い場合，図から 1 の出力間隔が短くなり，低い場合荒くなる．ここで，入力信号は時系列データであり，出力信号は 0 と 1 の並びである．z は 1 データ分の 遅延（記憶）を意味する（第 2 章 2.5 参照）．また，量子化器は入力が正のとき 1 を，負のとき 0 を出力する回路である．一方，復調は，図 7.10 (b) に示すようになる．実際には，DSD（Direct Stream Digital）として実用化され，サンプリング周波数は，2.8 [MHz]，5.6 [MHz]，11.2 [MHz] の 3 種類である．そして，PCM 96 [kHz]/24 [bit] と DSD 2.8 [MHz] はほぼ同じ情報量であり，同じ曲であればファイル容量はほぼ同じとなる．

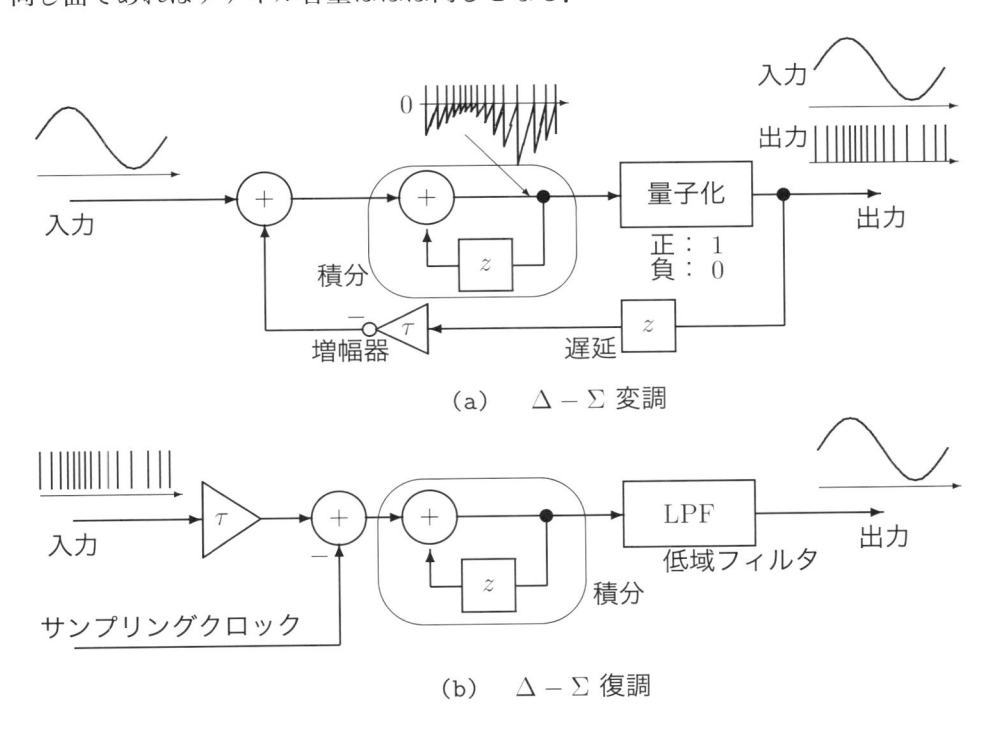

(a) $\Delta - \Sigma$ 変調

(b) $\Delta - \Sigma$ 復調

図 7.10 　1 次の $\Delta - \Sigma$ 変調・復調回路

7.5 ソフトウエアラジオ

コンピュータが高速になり，AM ラジオや FM ラジオのほとんどをソフトウエア（プログラム）で実現できるようになった．これをソフトウエアラジオまたは ソフトウエア無線

という．ソフトウエアであるから，仕様変更等に即対応ができるので，デジタルテレビや携帯電話などの種々の機器に利用されている．そこで，このソフトウエアラジオの原理について示す．まず，放送局 n に割り当てられている電波の周波数を $f_n\,(\omega_n = 2\pi f_n)$ とすると，アンテナから入力する電波信号は，各局の電波信号を集めた次式となる．

$$
\begin{aligned}
f(t) &= \sum_n A_n \cdot \cos(\omega_n\,t + \theta_n) \\
&= \sum_n A_n \cdot \cos(\omega_n\,t) \cdot \cos\theta_n - \sum_n A_n \cdot \sin(\omega_n\,t) \cdot \sin\theta_n
\end{aligned}
$$

これから希望する局 m の電波信号 $f_m\,(\omega_m = 2\pi f_m)$ を選ぶ場合，図 7.11 に示すような 直交検波 を利用する．すなわち，局 n に希望する局 m の $\cos(\omega_m t)$ 波 および $\sin(\omega_m t)$ 波を混合すると，$m = n$ の場合以下のようになる．

$$
\begin{aligned}
A_m \cdot \cos(\omega_m\,t + \theta_m) \cdot \cos(\omega_m\,t) &= \frac{A_m}{2} \cdot \cos(2\,\omega_m\,t + \theta_m) + \frac{A_m}{2} \cdot \cos(\theta_m) \\
A_m \cdot \cos(\omega_m\,t + \theta_m) \cdot \sin(\omega_m\,t) &= \frac{A_m}{2} \cdot \sin(2\,\omega_m\,t + \theta_m) - \frac{A_m}{2} \cdot \sin(\theta_m)
\end{aligned}
$$

これらの波が 低域フィルタ を経由すれば，高周波成分 $2\,\omega_m$ が除去され，以下の信号のみが出力される．

$$
g_1 = \frac{A_m \cdot \cos\theta_m}{2}, \qquad g_2 = -\frac{A_m \cdot \sin\theta_m}{2}
$$

g_1 および g_2 が求まると，AM ラジオでは $\sqrt{g_1^2 + g_2^2} = \frac{A_m}{2}$ によって音声信号 A_m が得られる．一方，FM ラジオでは $\frac{g_2}{g_1} = -\tan\theta_m \approx -\theta_m$ によって音声信号に比例する位相変移 θ_m が得られる．従って，直交検波 では，選局周波数 f_m による $\cos$ 波と $\sin$ 波を混ぜ，低域フィルタを経由することによって g_1 および g_2 が得られる．これを AD 変換（ADC：Analog Degital Converter）してコンピュータに取り入れ，種々の処理を行うことになる．なお，受信周波数が高く，コンピュータで処理できない場合，局部発振周波数と混合して低い周波数（中間周波数）に落とす ヘテロダイン方式 を用いる．

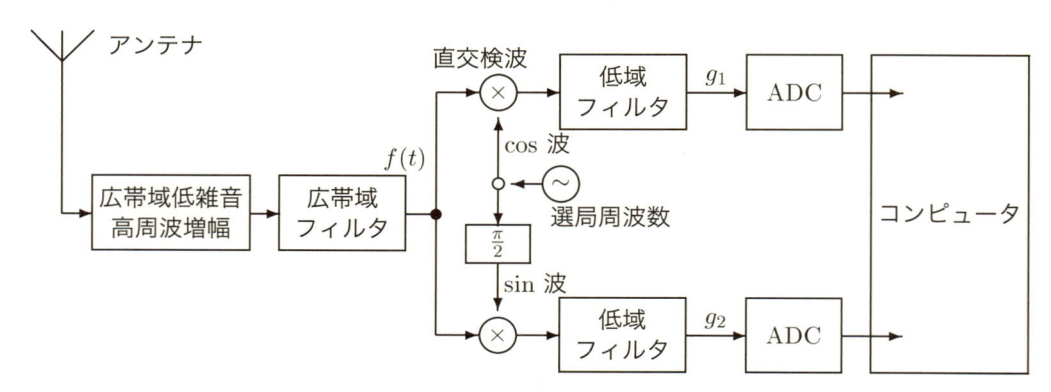

図 7.11　ダイレクト方式のソフトウエアラジオ

7.6 デジタルテレビジョン

　一部地域を除き，2011年7月に地上デジタルテレビジョン放送が開始された．この伝送方式には，従来のアナログテレビジョン放送の帯域幅6[MHz]でより多くのデジタル信号を送信するため，三角関数の直交性を最大限に利用した OFDM 方式（Orthogonal Frequency Division Multiplexing：直交周波数多重方式）が採用されている．この OFDM 方式ではサブキャリアで6[bits]を 64 QAM（Quadrature Amplitude Modulation：直交振幅変調方式）を行う．そして，約 4[kHz] 間隔のサブキャリアを1405個を用いた Mode 1，約 2[kHz] 間隔のサブキャリアを2809個を用いた Mode 2，約 1[kHz] 間隔のサブキャリアを5617個を用いた Mode 3がある．なお，これらのサブキャリアのうち 1 個はデータを再生するために必要なサブキャリア（同期用サブキャリア）である．

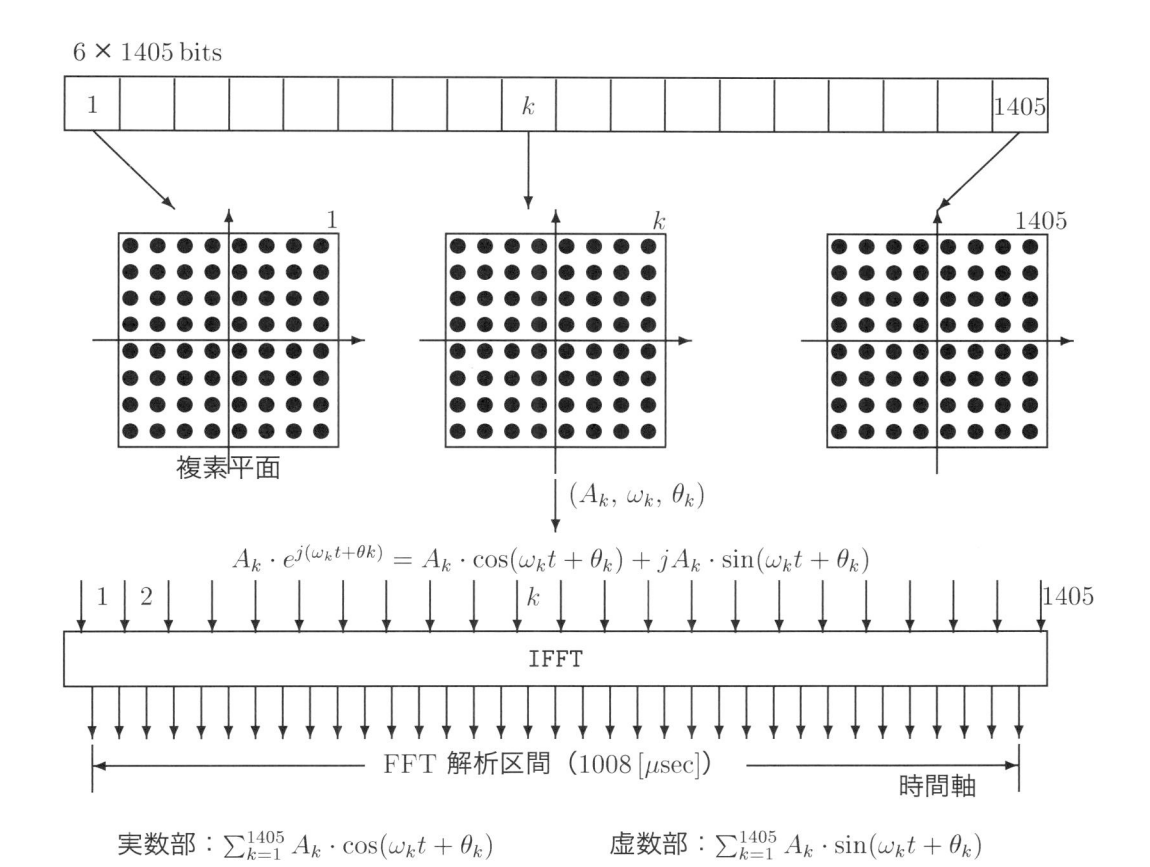

図 7.12　OFDM 変調方式の概要

まず，Mode 1 において OFDM 変調方式の概要を図 7.12 〜図 7.16 に示す．すなわち，8424 $(= 6 \times 108 \times 13)$ [bits] 分のデータを 6 [bits] 毎に区切り，複素平面上の 64 個の点のうち，その値に対応（マッピング）した点を原点からの距離（振幅）と角度を一組（A_k, θ_k）で表す．これをサブキャリア ω_k $(= 2\pi f_k)$ で表現すると次式となる．

$$A_k \cdot e^{j(\omega_k t + \theta_k)} = A_k \cdot \cos(\omega_k t + \theta_k) + j\, A_k \cdot \sin(\omega_k t + \theta_k)$$

これを 1404 個（$k = 1, 2, \cdots, 1404 = 108 \times 13$）分を合成すると以下となる．ここで，13 はセグメント数である．

$$\begin{aligned}\sum_{k=1}^{1404} A_k \cdot e^{j(\omega_k t + \theta_k)} &= \sum_{k=1}^{1404} A_k \cdot \cos(\omega_k t + \theta_k) + j \cdot \sum_{k=1}^{1404} A_k \cdot \sin(\omega_k t + \theta_k) \\ &= \text{実数部}\, f(t) + j \cdot \text{虚数部}\, g(t)\end{aligned}$$

時刻
G
シンボル n
G
シンボル $n+1$
G
シンボル $n+2$
126μs
1008μs
126μs
1008μs
126μs
1008μs
FFT 解析区間
ギャップ

図 7.13　OFDM 変調方式の時間軸での信号

送信信号
マッピング
A_k
θ_k
IFFT
実数
虚数
DA 変換
$f(t)$
$g(t)$
直交変調
電波送信
$f(t) \cdot \cos(\omega t) + g(t) \cdot \sin(\omega t)$
64 QAM
虚数
実数
複素平面
伝送路
受信信号
逆マッピング
A_k
θ_k
FFT
AD 変換
g_1
g_2
直交検波

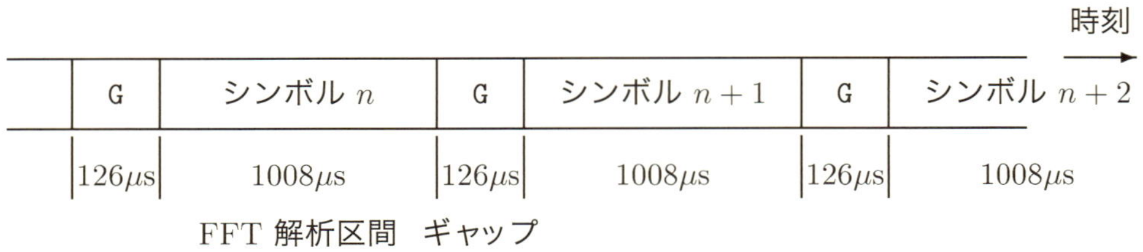

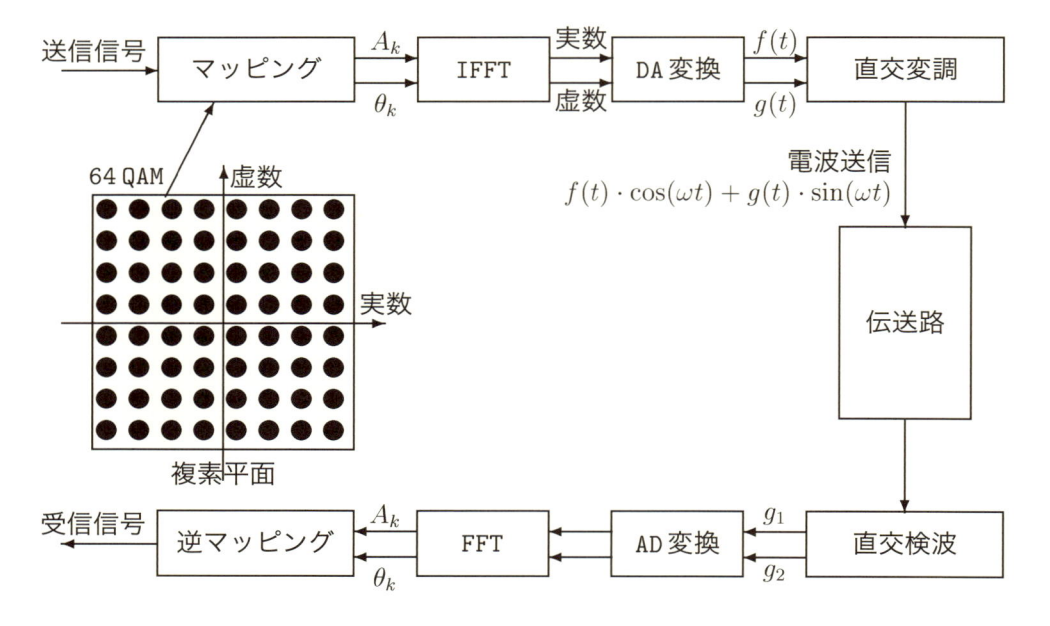

図 7.14　OFDM 変調方式

これを図 7.15 に示す **直交変調** を行い，図 7.13 に示す FFT 解析区間 $1008\,[\mu sec]\,(= T)$ 分送信する．これによって，図 7.13 に示すギャップ分 $126\,[\mu sec]$ を含め，$1134\,[\mu sec]$ 時間内に $6 \times 1404\,[\text{bits}]$ を送信できることになる．ここで，FFT 解析区間 $1008\,[\mu sec]\,(= T)$ はサブキャリアの 1 周期分（または数周期分）であるため，そのサブキャリアの周波数は $n \times f = \frac{n}{0.001008} \approx n \times 0.992\,[\text{kHz}]$ である．また，ギャップ分 $126\,[\mu sec]$ は，FFT 解析開始の同期をとるとともに，電波のマルチパスなどによる遅延を吸収する区間である．

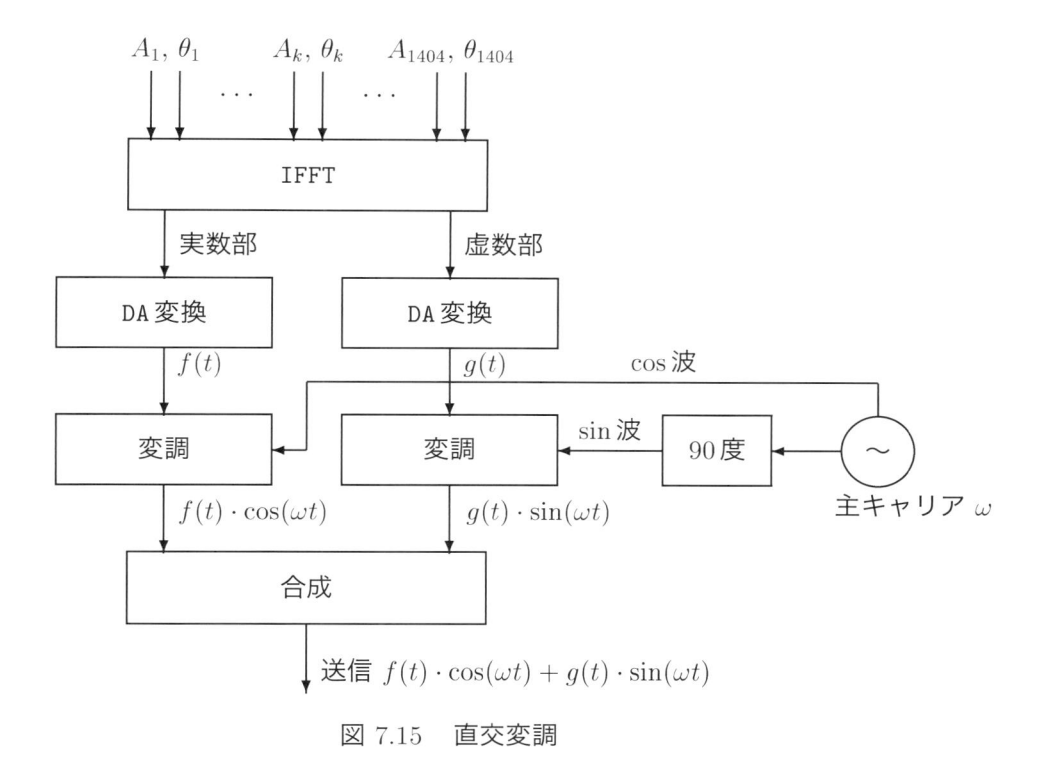

図 7.15　直交変調

受信側において，変調波 $f(t) \cdot \cos(\omega t) + g(t) \cdot \sin(\omega t)$ を **直交検波** すれば以下のようになる．

$$g_1 = \frac{\cos\theta}{2} \cdot f(t) - \frac{\sin\theta}{2} \cdot g(t), \qquad g_2 = \frac{\sin\theta}{2} \cdot f(t) - \frac{\cos\theta}{2} \cdot g(t)$$

ここで，θ は送信側と受信側の主搬送波の位相差である．これらの関係式について，FFT 解析を行うと，三角関数の直交性 から次式となる．

$$G_1 = \frac{2}{T} \cdot \int_0^T g_1 \cdot \cos(\omega_k t)\,dt = \frac{A_k}{2} \cdot \cos(\theta_k + \theta)$$
$$G_2 = \frac{2}{T} \cdot \int_0^T g_1 \cdot \sin(\omega_k t)\,dt = -\frac{A_k}{2} \cdot \sin(\theta_k + \theta)$$

$$G_3 = \frac{2}{T} \cdot \int_0^T g_2 \cdot \cos(\omega_k t)\, dt = -\frac{A_k}{2} \cdot \sin(\theta_k - \theta)$$

$$G_4 = \frac{2}{T} \cdot \int_0^T g_2 \cdot \sin(\omega_k t)\, dt = -\frac{A_k}{2} \cdot \cos(\theta_k - \theta)$$

これから A_k, θ_k は次式で求まる．

$$\frac{A_k}{2} = \sqrt{G_1^2 + G_2^2} = \sqrt{G_3^2 + G_4^2}, \qquad \theta_k = \tan^{-1}\frac{G_2 + G_3}{G_4 - G_1} = \tan^{-1}\frac{G_1 + G_4}{G_2 - G_3}$$

ここで，θ はデータを再生するためのサブキャリア（同期用サブキャリア）において，$\theta_k = 0$ とすることによって求めることができる．なお，$-\frac{\pi}{2} < \tan^{-1} x < \frac{\pi}{2}$ であるため，$G_1 > 0$ および $G_2 < 0$ で $0 < \theta_k + \theta < \frac{\pi}{2}$，$G_1 < 0$ および $G_2 < 0$ で $\frac{\pi}{2} < \theta_k + \theta < \pi$，$G_1 < 0$ および $G_2 > 0$ で $-\pi < \theta_k + \theta < -\frac{\pi}{2}$，$G_1 > 0$ および $G_2 > 0$ で $-\frac{\pi}{2} < \theta_k + \theta < 0$ として，θ_k の値を求めることになる．また，G_3, G_4 についても同様である．これらの関係式は，コンピュータによるプログラムによって処理することになる．

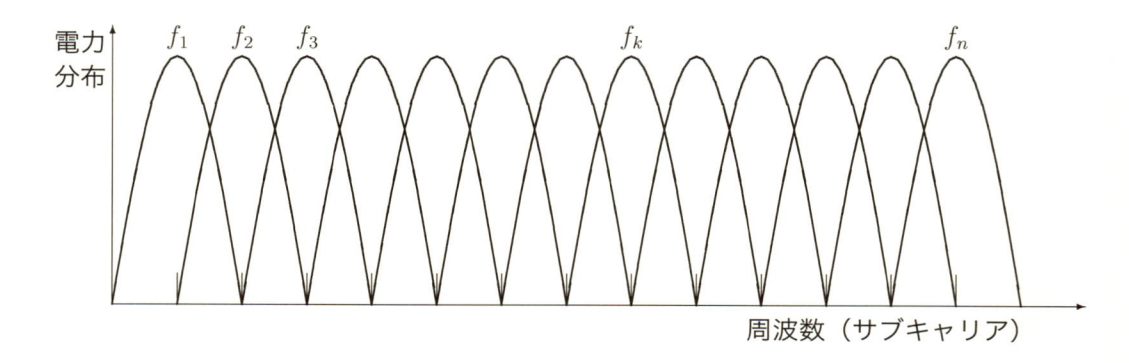

図 7.16　OFDM の帯域内における周波数特性

　このような OFDM 方式の周波数特性は図 7.16 のようになり，図 6.16 の FDMA 方式に比べ，サブキャリアによる変調帯域がオーバラップしていてもよいことになる．また，このような OFDM 方式の転送レートは，Mode 1 のとき約 7.43 [Mbps]，Mode 2 のとき約 14.86 [Mbps]，Mode 3 のとき約 29.71 [Mbps] となる．

　アナログテレビジョンの画質では，約 55 [Mbps] が必要である（第 6 章 6.5 参照）が，圧縮すれば転送レートは約 6 [Mbps] となる．これに対して，デジタルテレビジョン放送では，大幅な転送レートを得ることができることが分かる．ただし，これほどの転送レートは，受信電波強度があるレベル以上でないと得ることができない．従って，アナログテレビジョン放送に比べ，地上デジタルテレビジョン放送では，多くのサテライト局を必要とする．しかしながら，地上デジタルテレビジョン放送の場合，マルチパス などの影響が少ないので，

サテライト局においても同じ周波数の電波を利用すること（同時放送 という）が可能である．アナログテレビジョン放送では，マルチパス などによって画面にゴーストが発生するので，近隣のサテライト局は異なる周波数の電波を利用する必要がある．従って，地上デジタルテレビジョン放送の場合，電波の有効利用が図れる．このため，アナログテレビジョン放送で使用していた UHF の高い周波数帯を携帯電話などの周波数に割り当てることができるようになった．

　さらに，通常のデジタルテレビジョン放送波では，図 7.17 に示すように，合計 13 個の セグメント に区切られており，1 つのセグメントの帯域は約 429 [kHz] である．そして，全体の帯域は約 5.572 [MHz] であり，アナログテレビジョンの周波数帯域とほぼ同じである．図 7.17 の中央のセグメント 7 は携帯で受信する ワンセグ である．また，通常の画質（SDTV 画質，アナログテレビジョンの画質）では 4 セグメントが使われ，高画質（HDTV 画質）では 12 セグメントが使われる．

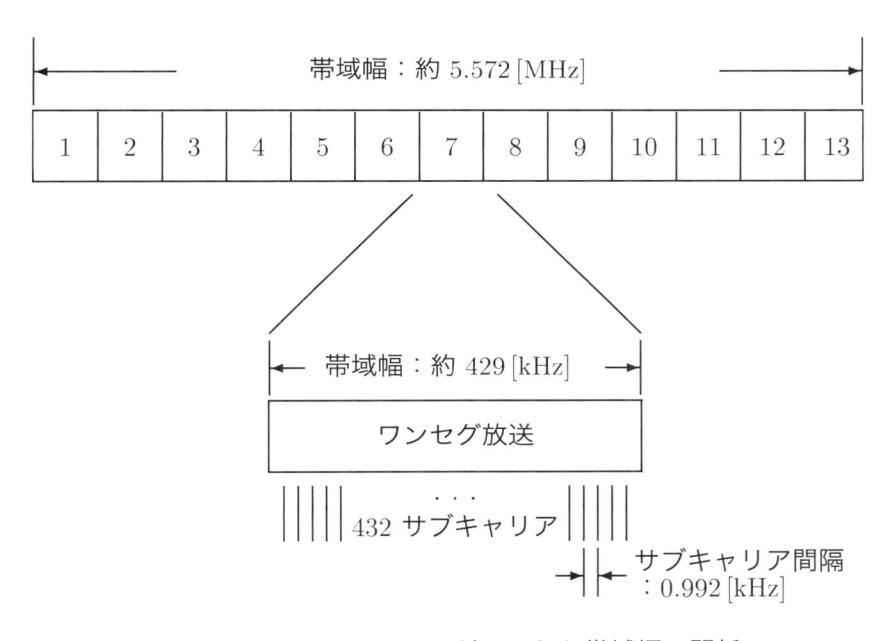

図 7.17　セグメントと帯域幅の関係

練習問題 7

問 7.1　　図 7.11 において，選局されない場合（$m \neq n$），g_1 および g_2 が出力されないことを示しなさい．

問 7.2　　p.78 における g_1 および g_2 を導出しなさい．

問7.3　　p.78 における G_1, G_2, G_3, G_4 を導出しなさい.

問7.4　　Mode 1, Mode 2, Mode 3 の転送レートを計算しなさい.

問7.5　　デジタルテレビジョン放送においても周波数帯域が約 6 [MHz] である. この帯域を計算しなさい.

問7.6　　ワンセグ放送の周波数帯域幅約 429 [kHz] を計算しなさい.

第8章 フィルタ

送受信機には，低域周波数だけを通過させる 低域フィルタ（Low Pass Filter），高域周波数だけを通過させる 高域フィルタ（High Pass Filter），ある周波数範囲だけを通過させる 帯域フィルタ（Band Pass Filter）が欠かせない．このようなフィルタを電子システムとして捕らえ，デルタ関数信号に対する インパルス応答 を考えることによって，入力信号に対する出力信号を求めることができる．さらに，パーソナルコンピュータ，インターネットや携帯電話，地上デジタルテレビジョン放送などの普及によって，デジタルフィルタなどの解析方法（デジタル信号処理）の必要性が高まってきた．本章では送受信機においてもっとも重要な帯域フィルタについて述べる．本章の学習目標は，インパルス応答の考え方，帯域フィルタ，デジタルフィルタなどの原理を理解することである．本章の内容は，「電気回路」や「電子回路」の知識，「複素関数論」などの知識が必要である．

8.1　インパルス応答

第2章でも述べたように，図 8.1 に示すような電子システムに デルタ関数 信号 $\delta(t)$ （インパルス）を入力したとき，出力側に出力された信号は，そのシステム固有の電気的特性を表している．これを インパルス応答 （Impulse Response）という．この出力波形を $h(t)$ とおき，これに入力信号 $f(t)$ を入力すると，その出力信号 $g(t)$ は，次の たたみ込み積分 （Convolution Integral）で表される．

$$g(t) \;\; = \;\; \int_{-\infty}^{\infty} f(x) \cdot h(t-x)\, dx \;\; = \;\; \int_{-\infty}^{\infty} f(t-x) \cdot h(x)\, dx$$

これを ラプラス変換 （Laplase Transform）すると，それぞれのラプラス変換の積 $G(s) = F(s) \cdot H(s)$ となる（付録 A を参照）．ただし，$g(t)$，$f(t)$，$h(t)$ のラプラス変換をそれぞれ $G(s)$，$F(s)$，$H(s)$ とする．入力信号が交流信号 $f(t) = E \cdot e^{j\omega t}$ （j：虚数単位，$\omega = 2\pi f$：角周波数）である場合，インパルス応答 のラプラス変換 $H(s)$ において $s = j\omega$ とおき，$H(j\omega)$ （伝達関数）とすることができる．

いま，システムの周波数特性を，次の理想的な帯域フィルタとおく．

$$H(j\omega) \;\; = \;\; \begin{cases} A & (\omega_L \leq |\omega| \leq \omega_H) \\ 0 & (0 \leq |\omega| < \omega_L,\ \omega_H < |\omega|) \end{cases}$$

これに，デルタ関数信号 $\delta(t)$ （$I(j\omega) = 1$）を入力したとき，この出力信号 $h(t)$ はフーリエ逆変換から，以下のようになる．

$$
\begin{aligned}
h(t) &= \int_{-\omega_H}^{-\omega_L} 1 \cdot A \cdot e^{j\omega t}\, d\omega + \int_{\omega_L}^{\omega_H} 1 \cdot A \cdot e^{j\omega t}\, d\omega = A \cdot \left[\frac{e^{j\omega t}}{jt}\right]_{-\omega_H}^{-\omega_L} + A \cdot \left[\frac{e^{j\omega t}}{jt}\right]_{\omega_L}^{\omega_H} \\
&= \frac{A}{jt} \cdot \left(e^{-\omega_L t} - e^{-\omega_H t}\right) + \frac{A}{jt} \cdot \left(e^{\omega_H t} - e^{\omega_L t}\right) = \frac{2A \cdot \sin(\omega_H t)}{t} - \frac{2A \cdot \sin(\omega_L t)}{t} \\
&= 2A \cdot \omega_h \cdot S(\omega_H t) - 2A \cdot \omega_h \cdot S(\omega_L t) \qquad (\omega_H = 2\pi f_H,\ \omega_L = 2\pi f_L)
\end{aligned}
$$

この出力信号がシステムの **デルタ関数** 信号に対する応答（インパルス応答）である．ただし，$S(t)$ は，$S(t) = \mathrm{sinc}(t) = \frac{\sin(t)}{t}$ （**標本化関数**）である（第 5 章 5.1 参照）．

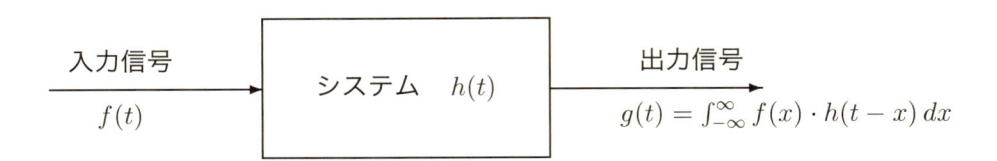

図 8.1　電子システムのインパルス応答

　入力信号 $f(t)$ が上で示した **デルタ関数**（インパルス）の集まりであると考えると，この入力信号 $f(t)$ に対するシステムの出力信号 $g(t)$ は，次の **たたみ込み積分** で表される．

$$
g(t) = 2A \cdot \int_{-\infty}^{\infty} \left\{\frac{\sin\{\omega_H (t-x)\}}{t-x} - \frac{\sin\{\omega_L (t-x)\}}{t-x}\right\} \cdot f(x)\, dx
$$

　一方，標本化関数 $S(t)$ において，$S(t) = 0$ となる $|t|$ の最小の値は，$t = \pm\frac{1}{2f_h}$ である．すなわち，このようなシステムにインパルスを 1 つ伝送するためには，最小限 $\frac{1}{2f_h}$ 秒必要であることが分かる．あるいは，このシステムが理論的に 1 秒間に $2f_h$ のインパルスを伝送できることを示している．これを **ナイキスト (Nyquist) 速度** という．

8.2　LC 直列共振による帯域フィルタの解析

　図 8.2 は コイル L，コンデンサ C，抵抗 R の LCR 直列接続回路であり，LC 直列共振によってある周波数範囲だけを通過させるもっとも簡単な 帯域フィルタ（Band–pass Filter）である．入力信号が $f(t) = E \cdot e^{j\omega t}$ （$\omega = 2\pi f$ は 角周波数）である場合の関係式（微積分方程式）は以下のようになる．

$$
f(t) = R \cdot i(t) + L \cdot \frac{d}{dt} i(t) + \frac{1}{C} \cdot \int_0^t i(x)\, dx, \qquad g(t) = R \cdot i(t)
$$

初期条件を $i(0) = 0$ とおいて，ラプラス変換（付録 A 参照）すれば以下のようになる．

$$
\begin{aligned}
F(s) &= \frac{E}{s - j\omega} = R \cdot I(s) + L \cdot sI(s) + \frac{1}{C} \cdot \frac{I(s)}{s} \\
G(s) &= R \cdot I(s) = \frac{E}{s - j\omega} \cdot \frac{R}{R + sL + \frac{1}{sC}} = F(s) \cdot H_s(s) \\
&= \frac{E}{s - j\omega} \cdot \frac{R}{L} \cdot \frac{s}{(s - x_1)(s - x_2)}
\end{aligned}
$$

ここで，$f(t)$，$g(t)$，$i(t)$ のラプラス変換式をそれぞれ $F(s)$，$G(s)$，$I(s)$ であり，$H_s(s)$ は回路固有の インパルス応答 $h_s(t)$ のラプラス変換式である．また，x_1，x_2 は次式である．

$$
x_1, \ x_2 = -\frac{R}{2L} \pm \sqrt{\left(\frac{R}{2L}\right)^2 - \frac{1}{LC}}
$$

$G(s)$ のラプラス逆変換は次式となる．

$$
\begin{aligned}
g(t) &= \frac{1}{2\pi j} \cdot \int_C G(s) \cdot e^{st} ds \\
&= f(t) \cdot H_s(j\omega) + \frac{RE}{L \cdot (x_1 - x_2)} \cdot \left(\frac{x_1 \cdot e^{x_1 t}}{x_1 - j\omega} - \frac{x_2 \cdot e^{x_2 t}}{x_2 - j\omega}\right)
\end{aligned}
$$

この定常解は $g(t) = f(t) \cdot H_s(j\omega)$ となり，回路固有の 伝達関数 $H_s(j\omega)$ は次式である．

$$
H_s(j\omega) = \frac{R}{R + j\omega L + \frac{1}{j\omega C}} = \frac{j\omega CR}{j\omega CR + 1 - \frac{\omega^2}{\omega_0^2}}
$$

ここで，$j\omega L$ および $\frac{1}{j\omega C}$ はそれぞれコイルおよびコンデンサの 高周波抵抗（Impedance: インピーダンス）である．また，$\omega_0^2 = \frac{1}{LC}$ であり，ω_0 は LC 直列共振角周波数である．そして，この絶対値 $|H_s(j\omega)|$ は次式となる．

$$
|H_s(j\omega)| = \frac{\omega CR}{\sqrt{(\omega CR)^2 + \left(1 - \frac{\omega^2}{\omega_0^2}\right)^2}}
$$

この周波数特性は図 8.3 に示すようになる．通過帯域（Passband）は $|H_s(j\omega)| \geq \frac{1}{\sqrt{2}}$ となる周波数領域と定義されているので，通過帯域 $\omega_0 - \Delta \leq \omega \leq \omega_0 + \Delta$ における Δ は次式となる．

$$
\omega CR = \left|1 - \frac{\omega^2}{\omega_0^2}\right| = \frac{(\omega_0 + \omega) \cdot |\omega_0 - \omega|}{\omega_0^2} \approx \frac{2\Delta}{\omega_0} \quad \rightarrow \quad \Delta \approx \frac{R}{2L}
$$

ここで，ω は LC 共振角周波数 ω_0 前後であるため，$\omega_0 \approx \omega$ であり，$\Delta = |\omega - \omega_0|$ である．なお，入力信号 $f(t)$ に対する出力信号 $g(t)$ の位相は $\omega_0 - \Delta$ においてちょうど $\frac{\pi}{4}$ 進み，$\omega_0 + \Delta$ において $\frac{\pi}{4}$ 遅れる．また，共振の鋭さ（Quality Factor）を表す Q は次式で定義されている．

$$
Q = \frac{\omega_0}{2\Delta} \approx \frac{1}{\omega_0 CR} = \frac{1}{R} \cdot \sqrt{\frac{L}{C}}
$$

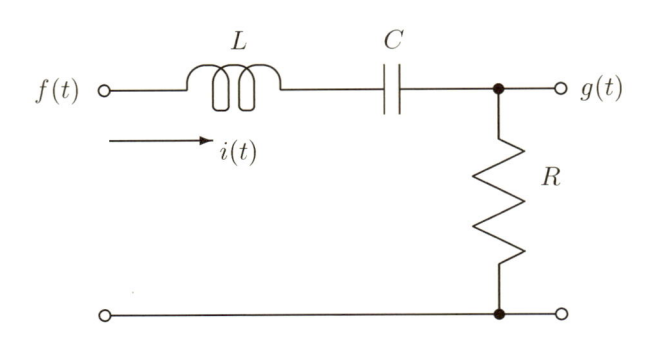

図 8.2　LCR 直列回路

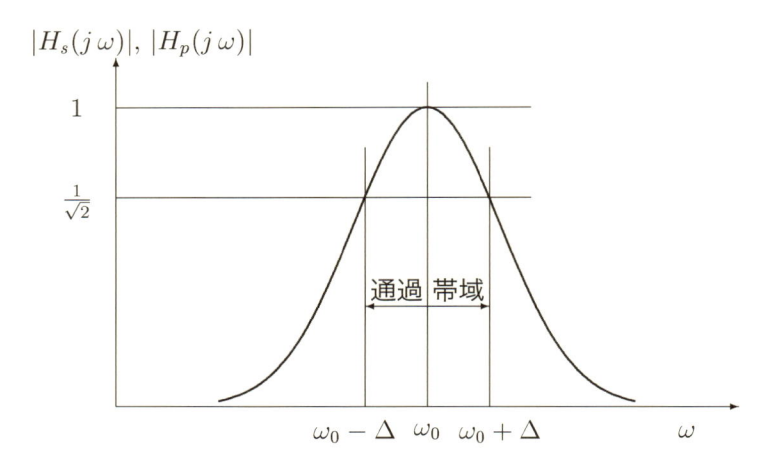

図 8.3　周波数特性

8.3　LC 並列共振による帯域フィルタの解析

また，図 8.4 に示す回路も LC 並列共振による簡単な 帯域フィルタ である．この場合の方程式は次式となる．

$$f(t) = R \cdot \{i_L(t) + i_C(t)\} + L \cdot \frac{d}{dt} i_L(t), \qquad g(t) = L \cdot \frac{d}{dt} i_L(t) = \frac{1}{C} \cdot \int_0^t i_C(x)\,dx$$

初期条件を $i_L(0) = i_C(0) = 0$ とおいて，これらの式をラプラス変換すれば次式となる．

$$F(s) = R \cdot I_C(s) + R \cdot I_L(s) + s L \cdot I_L(s), \qquad G(s) = s L \cdot I_L(s) = \frac{1}{s C} \cdot I_C(s)$$

電流成分を消去すると次式を得る．

$$F(s) = R \cdot s\,C \cdot G(s) + \frac{R}{s L} \cdot G(s) + G(s), \qquad \rightarrow$$

$$G(s) \;=\; \frac{1}{s\,CR + \frac{R}{sL} + 1} \cdot F(s) = \frac{s \cdot \frac{1}{CR}}{s^2 + s \cdot \frac{1}{CR} + \frac{1}{LC}} \cdot F(s) = H_p(s) \cdot F(s)$$

従って，この場合の 伝達関数 $H_p(j\,\omega)$ $(\omega = 2\,\pi\,f)$ は次式となる．

$$H_p(j\,\omega) \;=\; \frac{j\,\omega\,\frac{1}{CR}}{-\omega^2 + j\,\omega\,\frac{1}{CR} + \frac{1}{LC}} = \frac{j\,\omega\,L}{R \cdot \left(1 - \frac{\omega^2}{\omega_0^2}\right) + j\,\omega\,L}$$

ここで，$\omega_0^2 = \frac{1}{LC}$ であり，同様に ω_0 は LC 並列共振角周波数である．そして，この絶対値 $|H_p(j\,\omega)|$ は次式となる．

$$|H_p(j\,\omega)| \;=\; \frac{\omega\,L}{\sqrt{R^2 \cdot \left(1 - \frac{\omega^2}{\omega_0^2}\right)^2 + (\omega L)^2}}$$

この周波数特性は同様に図 8.3 に示すようになる．通過帯域 $\omega_0 - \Delta \leq \omega \leq \omega_0 + \Delta$ における Δ は次式となる．

$$\omega\,L \;=\; R \cdot \left|1 - \frac{\omega^2}{\omega_0^2}\right| = R \cdot \frac{(\omega_0 + \omega) \cdot |\omega_0 - \omega|}{\omega_0^2} \approx R \cdot \frac{2\,\Delta}{\omega_0} \quad \rightarrow \quad \Delta \approx \frac{1}{2\,CR}$$

なお，この場合も入力信号 $f(t)$ に対する出力信号 $g(t)$ の位相は $\omega_0 - \Delta$ においてちょうど $\frac{\pi}{4}$ 進み，$\omega_0 + \Delta$ において $\frac{\pi}{4}$ 遅れる．また，共振の鋭さ を表す Q は次式となる．

$$Q \;=\; \frac{\omega_0}{2\Delta} \;\approx\; \frac{R}{\omega_0\,L} \;=\; R \cdot \sqrt{\frac{C}{L}}$$

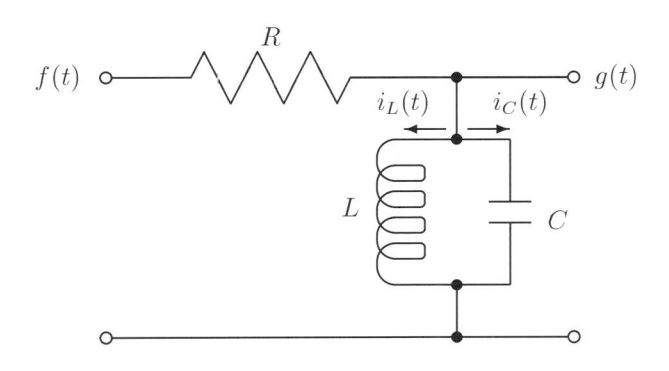

図 8.4 LC 並列回路

以上から，インパルス応答 $h(t)$ のラプラス変換 $H(s)$ は一般に次式のように表される．

$$H(s) \;=\; \frac{a_0 + a_1 \cdot s + a_2 \cdot s^2 + \cdots + a_k \cdot s^k}{1 - b_1 \cdot s - b_2 \cdot s^2 - \cdots - b_k \cdot s^k}$$

例えば，図 8.2 に示す LCR 直列回路のインパルス応答 $h(t)$ のラプラス変換 $H(s)$ は次式となる．

$$H(s) \;=\; \frac{R}{R+sL+\frac{1}{sC}} \;=\; \frac{s\cdot CR}{1+s\cdot CR+s^2\cdot LC}$$

すなわち，$k=2$，$a_0=a_2=0$，$a_1=CR$，$b_1=-CR$，$b_2=-CL$ である．

8.4　水晶・セラミックフィルタ

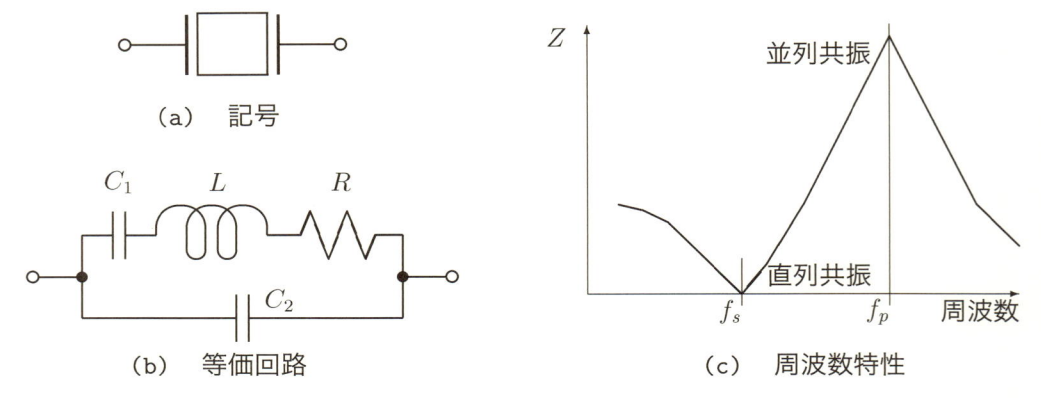

（a）　記号

（b）　等価回路　　　　　　　　（c）　周波数特性

図 8.5　水晶振動子

　水晶は電圧を加えると水晶固有の周波数で振動する．これを利用して，安定した高周波発振回路やフィルタに利用されている．水晶振動子の電気的等価回路は図 8.5 に示すようになり，これから両端のインピーダンス Z は次式のようになる．

$$Z \;=\; \frac{\frac{1}{j\omega C_2}\cdot\left(j\omega L+\frac{1}{j\omega C_1}+R\right)}{\frac{1}{j\omega C_2}+j\omega L+\frac{1}{j\omega C_1}+R} = \frac{1}{j\omega C_1}\cdot\frac{1-\omega^2 LC_1+j\omega C_1 R}{1-\omega^2 LC_2+\frac{C_2}{C_1}+j\omega C_2 R}$$

従って，直列共振（$1=\omega^2 LC_1$）のとき，インピーダンス Z_s は次式となる．

$$Z_s \;=\; \frac{R}{1+j\omega C_2 R} \;=\; \frac{R}{1+j\frac{C_2 R}{\sqrt{LC_1}}}$$

このときの直列共振周波数 f_s は $1=\omega^2 LC_1 \rightarrow f_s=\frac{1}{2\pi\sqrt{LC_1}}$ である．また，並列共振（$\frac{C_1+C_2}{C_1}=\omega^2 LC_2$）のとき，インピーダンス Z_p は次式となる．

$$Z_p \;=\; \frac{1}{j\omega C_1}\cdot\frac{-\frac{C_1}{C_2}+j\omega C_1 R}{j\omega C_2 R} = \frac{1-j\omega C_2 R}{(\omega C_2)^2 R} = \frac{1-j\sqrt{\frac{(C_1+C_2)\cdot C_2}{LC_1}}\cdot R}{\frac{C_1+C_2}{LC_1}\cdot C_2 R}$$

このときの並列共振周波数 f_p は $\frac{C_1+C_2}{C_1}=\omega^2 LC_2 \rightarrow f_p=\frac{1}{2\pi}\cdot\sqrt{\frac{C_1+C_2}{LC_1C_2}}$ である．R が十分小さく，$\omega C_2 R << 1$ の場合，$Z_s\approx R$，$Z_p\approx\frac{LC_1}{(C_1+C_2)C_2 R}$ となる．

　一方，セラミックフィルタには圧電セラミックが利用されている．この圧電セラミックは，チタン酸バリウム磁器やチタン酸ジルコン酸鉛磁器などの結晶であり，機械的な力（応力）を加えると電気信号（電界）に，また逆に電気信号を機械的な力に変換できる物質である．この現象を電気直接効果（Curie 効果）および圧電逆効果（Lipmann 効果）という．この 2 つの現象を総称して圧電効果という．このセラミックフィルタは，この圧電効果を利用した電気・機械変換素子と機械共振を利用した帯域フィルタであり，入力信号を加えると圧電セラミックによって固有の周波数で機械振動し，出力側から圧電効果によって機械振動による電圧が発生する．これらのフィルタを利用した回路を図 8.6 に示す．セラミックフィルタは図 8.6 (a) に示すような回路であり，並列共振を利用している．一方，水晶フィルタは図 8.6 (b) に示すような回路であり，直列共振を利用した通過型である．これらの周波数特性は通過帯域が狭く，図 8.5 (c) に示すように，上下周波数の減衰特性も優れているので，受信機の中間周波数増幅の帯域フィルタとして利用される．

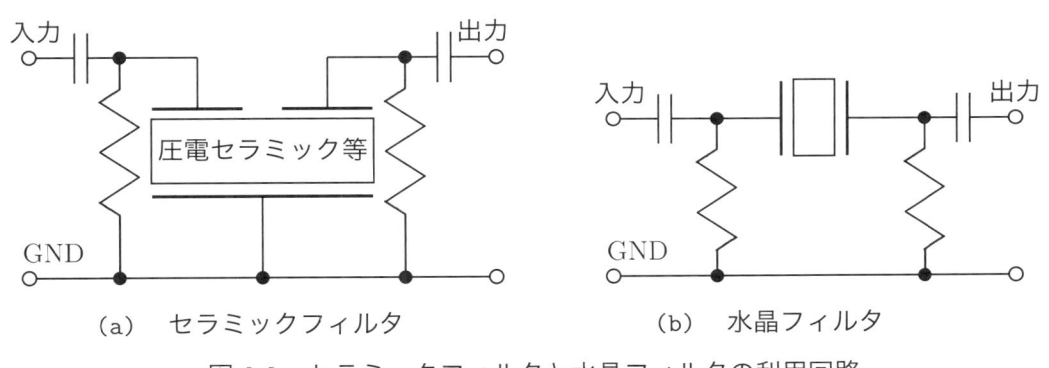

| (a) 　セラミックフィルタ | (b) 　水晶フィルタ |

図 8.6　セラミックフィルタと水晶フィルタの利用回路

8.5　高周波電力伝達回路

　アンテナから電波を放出する場合，高周波電力増幅回路から同軸ケーブルを経由してアンテナに高周波電力を損失なく送る必要がある．そこで，高周波電力増幅回路と同軸ケーブルとの間に高周波電力伝達回路（マッチング回路）を設ける．この回路の等価回路は図 8.7 (p.91) に示すようになる．コイル L_1 は高周波電力増幅回路の高周波トランスの相互インダクタンスを含むコイル成分（調整不可）である．また，Z_0 は同軸ケーブルの特性インピーダンスである．この間に付加するコイル L_2，コンデンサ C_1 および C_2 は，高周波電力を効率よく同軸ケーブルに伝達する回路である．そこで，この解析を進めるにあたり，より一般的に図 8.8 に示すように，付加するコイル L_2，コンデンサ C_1 および C_2 をそれ

それ jX_2, jX_1, jX_3 として考える．このとき，次式が成立する．

$$v_{in} = j\omega L_1 \cdot i_1 + (i_1 - i_2) \cdot jX_1 \quad \rightarrow \quad j(\omega L_1 + X_1) \cdot i_1 - jX_1 \cdot i_2 = v_{in}$$

$$0 = (i_2 - i_1) \cdot jX_1 + jX_2 \cdot i_2 + (i_2 - i_3) \cdot jX_3$$

$$\rightarrow \quad -jX_1 \cdot i_1 + j(X_1 + X_2 + X_3) \cdot i_2 - jX_3 \cdot i_3 = 0$$

$$0 = (i_3 - i_2) \cdot jX_3 + Z_0 \cdot i_3 \quad \rightarrow \quad -jX_3 \cdot i_2 + (jX_3 + Z_0) \cdot i_3 = 0$$

ここで，X_1, X_2, X_3 を調整して $X_1 + X_2 + X_3 = 0$ の共振状態にする．これから，電流 i_1, i_2, i_3 の分母 Δ は次式である．

$$\Delta = -(jX_3)^2 \cdot j(\omega L_1 + X_1) - (jX_1)^2 \cdot (jX_3 + Z_0)$$

$$= j(\omega L_1 \cdot X_3 + X_1 \cdot X_3 + X_1^2) \cdot X_3 + X_1^2 \cdot Z_0$$

ここで，もう一つの共振状態として，$\omega L_1 \cdot X_3 + X_1 \cdot X_3 + X_1^2 = 0$ とすれば，$\Delta = X_1^2 \cdot Z_0$ である．従って，電流 i_1, i_2, i_3 は次式のようになる．

$$i_1 = -\frac{v_{in}}{\Delta} \cdot (jX_3)^2 = \left(\frac{X_3}{X_1}\right)^2 \cdot \frac{v_{in}}{Z_0}$$

$$i_2 = \frac{v_{in}}{\Delta} \cdot jX_1 \cdot (jX_3 + Z_0) = \frac{jZ_0 - X_3}{X_1} \cdot \frac{v_{in}}{Z_0}$$

$$i_3 = \frac{v_{in}}{\Delta} \cdot (-jX_1) \cdot (-jX_3) = -\frac{X_3}{X_1} \cdot \frac{v_{in}}{Z_0}$$

これから，出力電圧 v_{out}，入力電力 p_{in}，出力電力 P_{out}，高周波電力伝達効率 η はそれぞれ次式となる．

$$v_{out} = i_3 \cdot Z_0 = -\frac{X_3}{X_1} \cdot v_{in}, \qquad P_{in} = i_1 \cdot v_{in} = \left(\frac{X_3}{X_1}\right)^2 \cdot \frac{v_{in}^2}{Z_0},$$

$$P_{out} = i_3 \cdot v_{out} = \left(\frac{X_3}{X_1}\right)^2 \cdot \frac{v_{in}^2}{Z_0}, \qquad \eta = \frac{P_{out}}{P_{in}} = 1$$

従って，高周波電源から供給された電力 P_{in} はすべて同軸ケーブルへ供給されることになる．このような状態にするには，コンデンサおよびコイル（X_1, X_2, X_3）を使用周波数に対して共振状態（$X_1 + X_2 + X_3 = 0$ および $\omega L_1 \cdot X_3 + X_1 \cdot X_3 + X_1^2 = 0$）にすることである．

図 8.7 に示す回路の場合，$X_1 = -\frac{1}{\omega C_1}$，$X_2 = \omega L_2$ および $X_3 = -\frac{1}{\omega C_2}$ とすればよい．この場合の共振状態は，$\omega L_2 - \frac{1}{\omega C_1} - \frac{1}{\omega C_2} = 0 \ \rightarrow \ \omega^2 = \frac{C_1 + C_2}{L_2 C_1 C_2}$，および $\omega L_1 \cdot \left(-\frac{1}{\omega C_2}\right) + \left(-\frac{1}{\omega C_1}\right) \cdot \left(-\frac{1}{\omega C_2}\right) + \left(-\frac{1}{\omega C_1}\right)^2 = 0 \ \rightarrow \ \omega^2 = \frac{C_1 + C_2}{L_1 C_1^2}$ であり，$L_1 C_1 = L_2 C_2$ の関係となる．

従って，この場合の出力電圧 v_{out}，入力電力 p_{in}，出力電力 P_{out}，高周波電力伝達効率 η は

それぞれ次式となる.

$$v_{out} = i_3 \cdot Z_0 = -\frac{C_1}{C_2} \cdot v_{in}, \qquad P_{in} = i_1 \cdot v_{in} = \left(\frac{C_1}{C_2}\right)^2 \cdot \frac{v_{in}^2}{Z_0},$$

$$P_{out} = i_3 \cdot v_{out} = \left(\frac{C_1}{C_2}\right)^2 \cdot \frac{v_{in}^2}{Z_0}, \qquad \eta = \frac{P_{out}}{P_{in}} = 1$$

もし,コイル L_2 が調整可能であれば,$L_1 = L_2$ になるように調整する.このとき,$C_1 = C_2$ であるから,同容量の 2 連バリコンを用いると,容易に共振状態にすることができる.なお,図 8.8 から分かるように,図 8.7 の回路だけとは限らない.例えば,X_1 をコイル,X_2 および X_3 をコンデンサとする場合である.

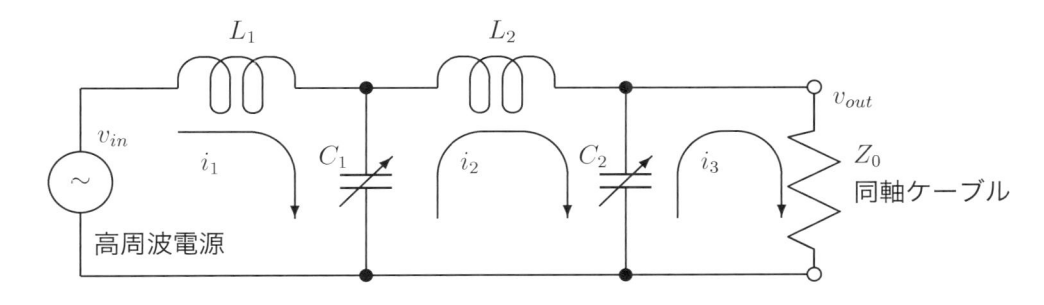

図 8.7　高周波電力伝達回路の等価回路

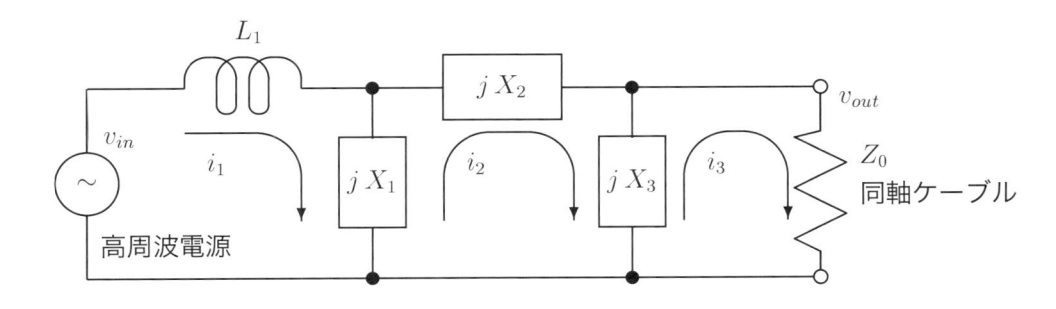

図 8.8　高周波電力伝達回路の一般的な等価回路

8.6　デジタルフィルタ

　この具体的な例として,図 8.2 に示す帯域フィルタと同じ特性を有するデジタルフィルタのインパルス応答の $z-$変換 $H(z)$ を求める.まず,この方程式は以下のようになる.

$$f(t) = R \cdot i(t) + L \cdot \frac{d}{dt}i(t) + \frac{1}{C} \cdot \int_0^t i(x)\,dx = g(t) + \frac{L}{R} \cdot \frac{d}{dt}g(t) + \frac{1}{CR} \cdot \int_0^t g(x)\,dx$$

この式を時系列データ x_n および y_n で表すと以下のようになる.

$$x_n \approx y_n + \frac{L}{R} \cdot \frac{y_n - y_{n-1}}{\tau} + \frac{1}{CR} \cdot \sum_{k=1}^{n} \tau \cdot y_k$$

$(x_n - x_{n-1})$ を求めると次の 差分方程式 を得る.

$$(x_n - x_{n-1}) \approx (y_n - y_{n-1}) + \frac{L}{R} \cdot \frac{y_n - 2\,y_{n-1} + y_{n-2}}{\tau} + \frac{\tau}{CR} \cdot y_n$$

$z-$変換 を行うと次式となる.

$$(1 - z) \cdot X(z) \approx (1 - z) \cdot Y(z) + \frac{L}{R} \cdot \frac{1 - 2\,z + z^2}{\tau} \cdot Y(z) + \frac{\tau}{CR} \cdot Y(z)$$

$$= \left\{ 1 + \frac{L}{\tau R} + \frac{\tau}{CR} - \left(1 + \frac{2\,L}{\tau R} \right) \cdot z + \frac{L}{\tau R} \cdot z^2 \right\} \cdot Y(z)$$

従って，$Y(z)$ は次式となる.

$$Y(z) = \frac{(1 - z) \cdot X(z)}{1 + \frac{L}{\tau R} + \frac{\tau}{CR} - \left(1 + \frac{2\,L}{\tau R} \right) \cdot z + \frac{L}{\tau R} \cdot z^2} = H(z) \cdot X(z)$$

これから，インパルス応答 の $z-$変換 $H(z)$ は次式となる.

$$H(z) = \frac{\frac{\tau R}{L} \cdot (1 - z)}{1 + \frac{\tau R}{L} + (\omega_0 \tau)^2 - 2 \cdot \left(1 + \frac{\tau R}{2\,L} \right) \cdot z + z^2} = \frac{\tau R}{L} \cdot \frac{1 - z}{(z - \alpha)(z - \beta)}$$

$$\alpha, \beta = 1 + \frac{\tau R}{2\,L} \pm \sqrt{\left(\frac{\tau R}{2\,L} \right)^2 - (\omega_0\,\tau)^2}, \qquad \omega_0 = \frac{1}{\sqrt{LC}}$$

なお，$z = 1 \pm j\,\omega_0\,\tau$ のとき最大値 $H(z) = 1$ となる. また，逆変換は $\alpha \neq \beta$ の場合，以下のようになる.

$$h(n\,\tau) = -\frac{1}{2\,\pi\,j} \cdot \int_C H(z) \cdot z^{-n-1} dx = \frac{1}{2\,\pi\,j} \cdot \int_C \frac{\tau R}{L} \cdot \frac{z - 1}{(z - \alpha)(z - \beta)} \cdot z^{-n-1} dz$$

$$= \frac{\tau R}{L} \cdot \frac{\alpha - 1}{\alpha - \beta} + \frac{\tau R}{L} \cdot \frac{\beta - 1}{\beta - \alpha} = \frac{\tau R}{L} \cdot \frac{1}{\alpha - \beta} \cdot \left(\frac{\alpha - 1}{\alpha^{n+1}} - \frac{\beta - 1}{\beta^{n+1}} \right)$$

$\alpha = \beta$ の場合，以下のようになる.

$$h(n\,\tau) = -\frac{1}{2\,\pi\,j} \cdot \int_C H(z) \cdot z^{-n-1} dx = \frac{1}{2\,\pi\,j} \cdot \int_C \frac{\tau R}{L} \cdot \frac{z - 1}{(z - \alpha)^2} \cdot z^{-n-1} dz$$

$$= \frac{\tau R}{L} \cdot \frac{n + 1 - n\,\alpha}{\alpha^{n+2}}$$

$$\alpha = \beta = 1 + \omega_0\,\tau \quad \rightarrow \quad \omega_0 = \frac{1}{\sqrt{LC}} = \frac{R}{2\,L}$$

ここで求めた $H(z)$ は，図 2.7 に示す構成において，2 個の 遅延 を用いたシステムとなり，各係数は以下のようになる.

$$a_0 = \frac{\tau R}{L} \cdot \frac{1}{1 + \frac{\tau R}{L} + (\omega_0\,\tau)^2}, \qquad a_1 = -\frac{\tau R}{L} \cdot \frac{1}{1 + \frac{\tau R}{L} + (\omega_0\,\tau)^2}, \qquad a_2 = 0$$

$$b_1 = 2 \cdot \frac{1 + \frac{\tau R}{2\,L}}{1 + \frac{\tau R}{L} + (\omega_0\,\tau)^2}, \qquad b_2 = -\frac{1}{1 + \frac{\tau R}{L} + (\omega_0\,\tau)^2}$$

　なお，上述のように 2 個の 遅延（状態）までは解析的に求めることができる．しかしながら，3 個以上の遅延数（状態数）をもつシステムは，シミュレートおよび解析するソフトウエア MATLAB を用いて解析および設計する手法がとられている．また，図 8.2 の LCR 直列回路および図 8.4 の LC 並列回路がタンデムに k 段接続されている場合，近似的に $H_k(z) \approx \{H_1(z)\}^k$ として求めることができる．

8.7　カルマンフィルタ

　図8.9 に示すように，内部構成が未知のシステムにおいて，x_n を入力信号，および y_n を目的とする出力信号とする．そして，この関係が以下の式で与えられるとする．

$$y_n = \sum_{i=0}^{k} a_i \cdot x_{n-i} + \sum_{i=1}^{k} b_i \cdot y_{n-i} + v_n$$

ここで，$a_i\,(i = 0, 1, \cdots, k)$ および $b_i\,(i = 1, 2, \cdots, k)$ は 重み であり，v_n は 雑音 である．すなわち，過去のいくつかの入力信号 $x_i, (i = n, n-1, n-2, n-3, \cdots)$ と出力信号 $y_i\,(i = n-1, n-2, n-3, \cdots)$ によって新たな出力信号 y_n を決定する．そこで，x_n，y_n を何度か測定し，ニューラルネットのように 重み a_i および b_i を決定する（学習 する）．このようにして，重み a_i および b_i が決定できれば，例えば雑音の加わった入力信号から雑音を取り除いた出力信号を得ることができるようになる．このように求めたシステムを カルマンフィルタ（Kalman Filter）という．ここで，重み a_i および b_i を多くとれば，正確な出力 y_n が得られるようになる．

　このようなカルマンフィルタの関係式を $z-$ 変換すれば，以下のようになる．

$$
\begin{aligned}
Y(z) &= a_0 \cdot X(z) + a_1 \cdot z \cdot X(z) + a_2 \cdot z^2 X(z) + \cdots + a_k \cdot z^k \cdot X(z) \\
&\quad + b_1 \cdot z \cdot Y(z) + b_2 \cdot z^2 \cdot Y(z) + \cdots + b_k \cdot z^k \cdot Y(z) \\
&= (a_0 + a_1 \cdot z + a_2 \cdot z^2 + \cdots + a_k \cdot z^k) \cdot X(z) \\
&\quad + (b_1 \cdot z + b_2 \cdot z^2 + \cdots + b_k \cdot z^k) \cdot Y(z)
\end{aligned}
$$

これから インパルス応答 の $z-$ 変換 $H(z)$ は次式となる．

$$H(z) = \frac{Y(z)}{X(z)} = \frac{a_0 + a_1 \cdot z + a_2 \cdot z^2 + \cdots + a_k \cdot z^k}{1 - b_1 \cdot z - b_2 \cdot z^2 - \cdots - b_k \cdot z^k}$$

すなわち，第 2 章で示した一般的な インパルス応答 の $z-$ 変換式と同じとなる．

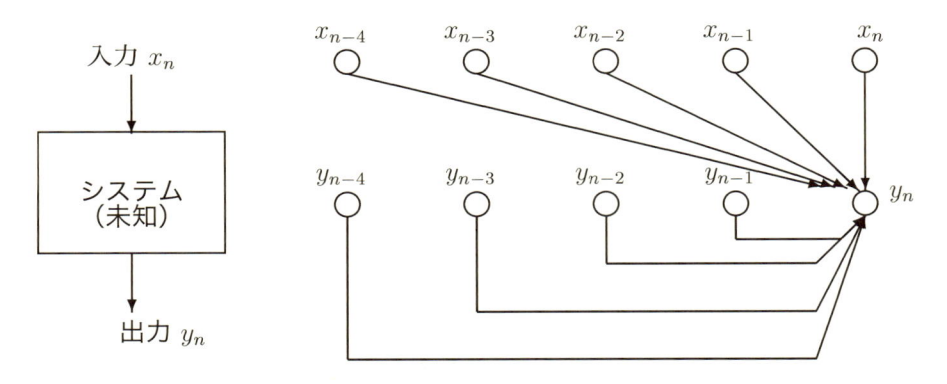

図 8.9　カルマンフィルタ

練習問題 8

問8.1　図 8.2 の回路を 2 段にした場合の帯域フィルタの伝達関数 $H(j\omega)$ を求め，通過周波数範囲を求めなさい．

問8.2　第 2 章 2.4 に示す **カスケード型回路** において，Z_1 をコンデンサ C_1，Z_2 をコンデンサ C_2 とコイル L の並列接続とした場合の通過周波数範囲を求めなさい．

問8.3　図 8.8 において，X_1 をコイル L_2，X_2 および X_3 をコンデンサ C_1 および C_2 とする場合の共振状態を求めなさい．

問8.4　抵抗 R とコンデンサ C による低域フィルタおよび高域フィルタと同等のデジタルシステムの $z-$変換式 $H_L(z)$ および $H_H(z)$ を求め，その違いを示しなさい．

問8.5　図 8.2 の LCR 直列共振回路がタンデムに n 段接続された回路と同じ特性を有するデジタルシステムの $z-$変換式 $H_n(z)$ （近似式）において，$\alpha = \beta = 1 + \omega_0\tau$ $\left(\omega_0 = \frac{1}{\sqrt{LC}} = \frac{R}{2L}\right)$ の条件のもとで，各係数 $a_k\,(0 \leq k \leq n)$ および $b_k\,(0 < k \leq n)$ を求めなさい．

第9章 符号系・復号系（情報理論）

人間と人間との情報伝達は，図 1.2 に示す通信システムを介するので，話し手と受け手の主観や価値観などの違いや雑音の多いところでの会話のために，正確に伝わらない場合がある．今日のような情報伝達システムの発達とともに，人間の主観や価値観によらない情報伝達システムの評価量が必要になってくる．そこで，以下では確率論的に取り扱っているシャノンの情報理論（Information Theory）などについて簡単に述べる．本章の学習目標は，情報伝達の評価量（情報量やエントロピー）の考え方を理解することである．本章の内容を理解するためには，「確率・統計」で学んだ確率分布およびその性質の知識が必要である．

9.1 情報量

文字数 k からなる長さ n の文字列の情報の評価（情報量）としては，情報の総数 $N = k^n$ に比例するよりは，長さ n に比例するとした方が自然である．すなわち，情報の総数の対数（$\log_c(N)$）をとればよいことになる．1つの情報の発生確率 p は $\frac{1}{N}$ に比例するので，情報の評価量である情報量は，$C \cdot \log p \, (= -\log_c p)$ で定義するとよいことが分かる．ここで，C は比例定数であり，c は対数の底（2 または e をとる）である．そこで，情報の発生する確率 $P(X = x)$ における情報量は以下の式で定義される．

$$I_X(X) \quad = \quad -\log_c P(X = x)$$

これを 自己情報量 という．また，条件付き確率 $P(X = x \mid Y = y)$ における情報量は，以下の式で定義される．

$$I_{X,Y}(X \mid Y) \quad = \quad -\log_c P(X = x \mid Y = y)$$

これを 条件付き情報量 という．ここで，対数の底 c は通常 2 が用いられ，この単位はビットである．

さらに，情報が発生する事象を X，情報の受け手での事象を Y とおけば，相互情報量は以下で定義される．

$$I_{X,Y} \quad = \quad \log_c \left\{ \frac{P(X = x \mid Y = y)}{P(X = x)} \right\}$$

$$= -\log_c\{P(X=x)\} - (-\log_c\{P(X=x \mid Y=y)\})$$
$$= I_X(X) - I_{X,Y}(X \mid Y)$$

9.2 エントロピー

上の相互情報量を平均したものは，以下のようになる．

$$I(X,Y) = \sum_i \sum_j P(X=x_i, Y=y_j) \cdot I_{X,Y}(X=x_i. Y=y_j)$$
$$= \sum_i P(X=x_i) \cdot I_X(X=x_i)$$
$$\quad - \sum_i \sum_j P(X=x_i, Y=y_j) \cdot I_{X,Y}(X=x_i \mid Y=y_j)$$
$$= H(X) - H(X \mid Y)$$

ここで，$H(X)$ は 平均自己情報量 または 通信エントロピーといい，$H(X \mid Y)$ は条件付き平均自己情報量または条件付きエントロピーという．

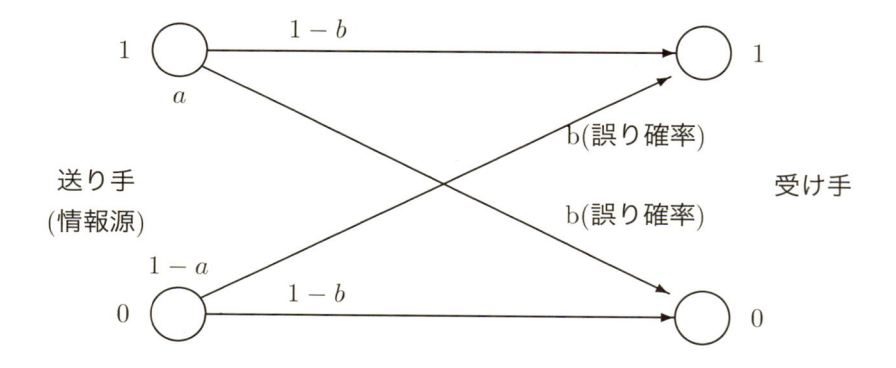

図 9.1 　誤りのある回線のモデル

いま，図 9.1 に示すように情報源が 0 と 1 であるとし，1 が発生する確率 $P(X=1)$ を a（0 が発生する確率 $P(X=0)$ は $1-a$）とおく．次に，通信システムを経由することによって，1 が 0 に変わる確率 $P(X=1 \mid Y=0)$ および 0 が 1 に変わる確率 $P(X=0 \mid Y=1)$ を b とおく．このとき，各エントロピーの値は，以下のようになる．

$$H(X) = -P(X=0) \cdot \log_2 P(X=0) - P(X=1) \cdot \log_2 P(X=1)$$
$$= -(1-a) \cdot \log_2(1-a) - a \cdot \log_2(a)$$
$$H(X \mid Y) = -(1-a)(1-b) \cdot \log_2(1-b) - (1-a)\,b \cdot \log_2(b)$$
$$\quad -a\,(1-b) \cdot \log_2(1-b) - a\,b \cdot \log_2(b)$$

$$= -(1-b) \cdot \log_2(1-b) - b \cdot \log_2(b)$$

従って，$H(X)$ が最大となるのは，$a = \frac{1}{2}$ のときであり，情報源がもっともあいまいなときである．また，通信システムの伝送エラーがない $(b = 0)$ とき，$H(X \mid Y) = 0$ となる．一方，このような通信システムの通信容量は，次式で与えられる．

$$C = \max I(X, Y) = \max\{H(X) - H(X \mid Y)\} = \max H(X) - H(n)$$

ここで，$H(n) = H(X \mid Y)$ であり，雑音の自己エントロピーである．

9.3　情報源符号化定理

情報源符号化定理はシャノンの第 1 符号化定理とよばれ，以下に示す等長符号による符号化と可変長符号による符号化がある．

（a）　等長符号による符号化

情報源文字列を長さ m 毎にまとめて符号化することを考える．このとき，文字の種類を k とすれば，長さ m の文字列の種類は k^m である．一方，符号化器の持つ文字の種類を D とすれば，長さ n の文字列に対して D^n 種類の相異なる符号語を作ることができる．従って，1 つの情報源文字列を少なくとも 1 つの符号語に対応させるためには，

$$D^n \geq k^m$$

でなければならない．これを書き換えれば，次のようになる．

$$\frac{n}{m} \geq \frac{\log_2(k)}{\log_2(D)}$$

ここで，$\log_2(k)$ は情報源の 1 つの文字当たりが持つエントロピー $H(k)$ の最大値であるから，次式である．

$$\frac{n}{m} \geq \frac{H(k) + \delta}{\log_2(D)}$$

ここで，δ は任意の正数である．この例としては，アルファベットなどの文字列による符号化である．

（b）　可変長符号による符号化

可変長符号は，情報源が偏っている場合に用いることが多く，例えば情報源 x_0, x_1, x_2, x_3, x_4 の出現確率をそれぞれ $\frac{1}{2}$, $\frac{1}{4}$, $\frac{1}{8}$, $\frac{1}{16}$, $\frac{1}{16}$ としたとき，

$$x_0 \to 0, \quad x_1 \to 01, \quad x_2 \to 011, \quad x_3 \to 0111, \quad x_4 \to 01111$$

のように符号化を行う場合に用いる．この場合，復号器においてあいまいさが無いが，このような可変長符号を用いる場合，復号器においてあいまいさが生ずる場合があるので注意する必要がある．なお，このような可変長符号化されたデータ長は，出現率が非常に偏っている場合，等長符号化されたデータ長よりかなり短くなるので，データ圧縮の方法としてよく用いられる．

[例]　情報源から，0001 1010 0001 0111 1000 010 の符号化された23ビットの情報列が出力された場合，$x_0 x_0 x_2 x_1 x_0 x_0 x_0 x_1 x_4 x_0 x_0 x_0 x_1 x_0$ というように符号化されていることが理解できる．このデータを等長符号化を行えば以下のようになる．ただし，x_0, x_1, x_2, x_3, x_4 をそれぞれ 3 ビットの 000, 001, 010, 011, 100 に符号化すると，000 000 010 001 000 000 000 001 100 000 000 000 001 000 のビット列となる．従って，等長符号化の場合，42 ビットを必要とするので，可変長符号化に比べ長くなることが分かる．

9.4　マルコフ情報源

　情報源には，言葉のように次に発生する語がそれ以前の語に依存する場合がある．これを確率過程のように数学的にモデル化すると以下のようになる．すなわち，時刻 n での記号を x_n $(n = 0, 1, 2, \cdots)$ とおけば，時刻 n での記号の発生確率は次式で表すことができる．

$$\text{Prob}(x_n | x_0, x_1, \cdots, x_{n-1})$$

そして，この確率が

$$\text{Prob}(x_n | x_0, x_1, \cdots, x_{n-1}) = \text{Prob}(x_n | x_{n-m}, x_{n-m+1}, \cdots, x_{n-1})$$

となる場合（それ以前の m 個の記号だけに依存する場合），m 重マルコフ情報源（Markov Information Source）という．ここで，$m = 1$ の場合単純マルコフ情報源という．このような情報源は，過去の記号の発生に依存するので，記憶を伴う情報源ということもある．

　さて，記号の種類を k とする m 重マルコフ情報源において，記号列 $x_{n-m}, x_{n-m+1}, \cdots, x_{n-1}$ で k^m 個の状態のうち一つを表すことができる．すなわち，状態 S_i および 状態 S_j をそれぞれ $x_{n-m}, x_{n-m+1}, \cdots, x_{n-1}$ および $x_{n-m+1}, x_{n-m+2}, \cdots, x_n$ で与えることによる状態遷移を考えることができる．

　例えば，図 9.2（および図 7.3）に示すハードディスク等への NRZI 記録方式について考える．まず，記号の種類は L（Low）と H（High）の 2 種類 $(k = 2)$ の 2 重マルコフ情報源における状態遷移である．この場合の状態（出力信号で表される状態）は，$S_0 = (LL)$, $S_1 = (LH)$, $S_2 = (HL)$, $S_3 = (HH)$ の 4 種類であり，その状態遷移は図 9.3 のようになる．ここで，矢印に付いている 1/H は入力信号が 1 でそのときの出力信号が H（High）であることを表す．また，a は状態 S_0 から状態 S_1 に遷移する確率 $P(S_1|S_0) = a$ である．他

についても同様である．図 9.2 に示す情報源が 01001101001 と与えられるならば，この状態遷移は $S_1 S_3 S_3 S_2 S_1 S_3 S_2 S_0 S_0 S_1$ となる．

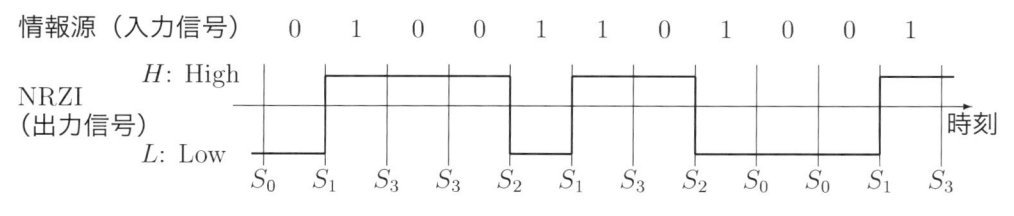

図 9.2　ハードディスク等への NRZI 記録方式

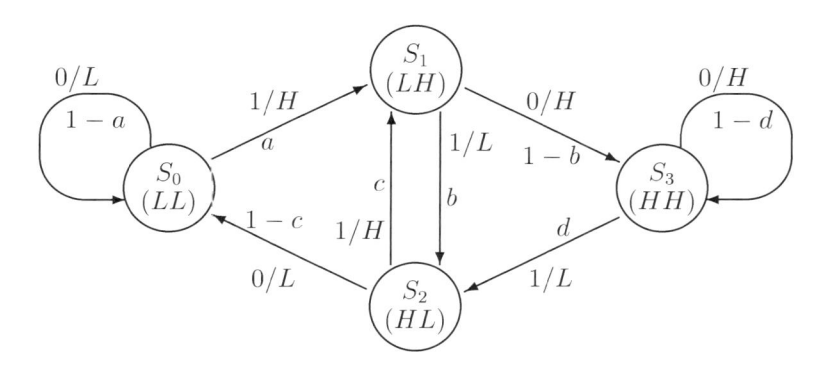

図 9.3　状態遷移図

9.5　誤り検出について

ここで，誤り検出と誤り訂正の代表的なものを幾つか取り上げて簡単に説明する．

(a)　パリティビット

パリティビット（Parity Bit）による誤り検出には，送るべきデータの 1 のビット数が偶数になるようにパリティビットをセットする場合（偶数パリティ: Even Parity）と奇数になるようにパリティビットをセットする場合（奇数パリティ: Odd Parity）がある．n ビットについてのパリティビットは，一般に次のように表される．

偶数パリティ：$p_e = (x_{n-1} + x_{n-2} + \cdots + x_0) \bmod 2$

奇数パリティ：$p_o = (x_{n-1} + x_{n-2} + \cdots + x_0 + 1) \bmod 2$

例えば，$(01010101)_2$ の場合，$p_e = 0$，$p_o = 1$ となる．ただし，このようなパリティビットで誤り検出を行う場合，ビット誤りを検出できない場合がある．すなわち，同時に偶数ビット（2 ビット，4 ビット，$\cdots$）が誤る場合である．いま，1 ビットの誤り確率を a

とおくと，検出できない確率は以下のようになる．

$$_{n+1}C_2 \cdot a^2 \cdot (1-a)^{n-1} +_{n+1} C_4 \cdot a^4 \cdot (1-a)^{n-3} + \cdots +_{n+1} C_{2k} \cdot a^{2k} \cdot (1-a)^{n+1-2k}$$

ここで，$n+1-2k$ は，0 か 1 である．また，ビット誤りはランダムに起こるものとする．なお，ランダム誤り の他に連続的にビット誤りを起こすバースト誤りがある．

[例]　ランダムなビット誤り確率を 10^{-4} としたとき，8 ビットからなるデータに偶数パリティを付加した場合，ビット誤りを検出できない確率は，以下のようになる．

$$_9C_2 \cdot (10^{-4})^2 \cdot (1 - 10^{-4})^7 +_9 C_4 \cdot (10^{-4})^4 \cdot (1 - 10^{-4})^5 +_9 C_6 \cdot (10^{-4})^6 \cdot (1 - 10^{-4})^3$$

$$+_9 C_8 \cdot (10^{-4})^8 \cdot (1 - 10^{-4})^1$$

$$\approx \frac{9 \cdot 8}{2 \cdot 1} \cdot 10^{-8} + \frac{9 \cdot 8 \cdot 7 \cdot 6}{4 \cdot 3 \cdot 2 \cdot 1} \cdot 10^{-16} + \frac{9 \cdot 8 \cdot 7}{3 \cdot 2 \cdot 1} \cdot 10^{-24} + 9 \cdot 10^{-32}$$

$$= 36 \times 10^{-8} + 128 \times 10^{-16} + 84 \times 10^{-24} + 9 \times 10^{-32} \approx 0.00000036$$

これは，ほぼ 2 ビットだけ同時にビット誤りを起こす確率に等しい．

(b)　巡回符号による検出

巡回符号による誤り検出 CRC（Cyclic Redandancy Check）における送信符号データは，n ビットからなるデータ $X(n)$ に k ビットのチェックビットを付加するとすれば，以下のように表される．

$$D(n+k) = x^k \cdot X(n) + \{x^k \cdot X(n) \bmod G(m)\}$$

ここで，x は基数であり，$G(m)\,(k+1 \geq m)$ は 生成多項式 である．また，この場合における各ビットの加減算は以下である．

$$1+1=0, \quad 1+0=0+1=1, \quad 0+0=0, \quad 0-1=1$$

そして，受信側において，その受信データ $D'(n+k)$ を生成多項式 $G(m)$ で割った余りが 0 であれば，誤りなく受信されたことになる．

[例]　8 ビットのデータ $X(n) = (10010110)_2 = x^7 + x^4 + x^2 + x^1$ に 3 ビットのチェックビットを付加する．生成多項式を $G(m) = (1011)_2 = x^3 + x + 1$ とする．このとき，

$$x^3 \cdot (x^7 + x^4 + x^2 + x^1) \bmod (x^3 + x + 1) = x + 1$$

を得る．従って，送信データは，次のようになる．

$$x^{10} + x^7 + x^5 + x^4 + x + 1 = (10010110011)_2$$

(c)　誤り訂正符号

誤り訂正符号 (error correcting code) の例として，表 9.1 のハミングコード $(c_1 c_2 x_3 c_4 x_5 x_6 x_7)$ を取り上げて示す．まず，この表において，チェックビット c_1，c_2，c_4 は，次の関係式を満たす．

$$(c_1 + x_3 + x_5 + x_7) \bmod 2 = y_0$$
$$(c_2 + x_3 + x_6 + x_7) \bmod 2 = y_1$$
$$(c_4 + x_5 + x_6 + x_7) \bmod 2 = y_2$$

ここで，y_0, y_1, y_2 がすべて 0 （3 ビットの偶数パリティ）であるように決められている．従って，受信データにおいて，これらの関係式が 0 でないとき，$y_2 y_1 y_0 (= k)$ ビット目 x_k（または c_k）が誤っていることが検出でき，このビットを訂正すればよいことになる．

表 9.1　4 ビット・3 チェックビットハミングコード

10 進数	c_1	c_2	x_3	c_4	x_5	x_6	x_7
0	0	0	0	0	0	0	0
1	1	1	0	1	0	0	1
2	0	1	0	1	0	1	0
3	1	0	0	0	0	1	1
4	1	0	0	1	1	0	0
5	0	1	0	0	1	0	1
6	1	1	0	0	1	1	0
7	0	0	0	1	1	1	1
8	1	1	1	0	0	0	0
9	0	0	1	1	0	0	1
10	1	0	1	1	0	1	0
11	0	1	1	0	0	1	1
12	0	1	1	1	1	0	0
13	1	0	1	0	1	0	1
14	0	0	1	0	1	1	0
15	1	1	1	1	1	1	1

[例]　10 進数のデータ 10 に対応するハミングコードは，$(1011010)_2$ である．いま，このデータが $(1001010)_2$ というように受信したとすれば，以下のようになる．

$$y_0 = (1 + 0 + 0 + 0) \bmod 2 = 1$$
$$y_1 = (0 + 0 + 1 + 0) \bmod 2 = 1$$
$$y_2 = (1 + 0 + 1 + 0) \bmod 2 = 0$$

従って，$k = (011)_2 = 3$ となり，x_3 が誤って受信されたことになる．

練習問題 9

問 9.1　可変長符号において，情報源の符号化を $x_0 = 0$, $x_1 = 01$, $x_2 = 011$, $x_3 = 0111$, $x_4 = 01111$ としたとき，情報源から符号 0110001100000101000 が出力された場合の

符号を求めなさい．また，$x_0 x_0 x_1 x_0 x_0 x_2 x_0 x_0 x_4 x_0 x_0$ を符号化しなさい．

問9.2　　ランダムなビット誤り確率を 10^{-4} としたとき，8 ビットからなるデータに奇数パリティを付加した場合，ビット誤りを検出できない確率を求めなさい．

問9.3　　巡回符号による誤り検出符号において，生成多項式を $G(m) = (1011)_2 = x^3 + x + 1$ として，8 ビットデータ $X(n) = (01100011)_2$ の送信データを求めなさい．

問9.4　　図 9.3 に示す状態遷移図の 2 重マルコフ情報源において，図 9.4 に示す NRZI 信号の場合の入力信号を示しなさい．

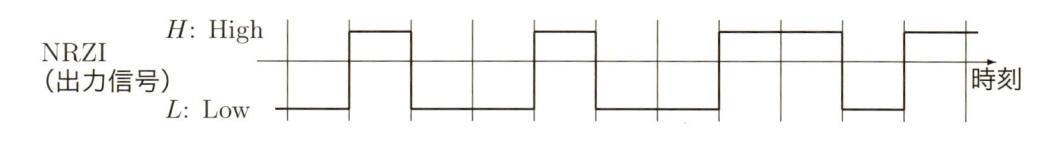

$$\text{NRZI}$$
（出力信号）

H: High　　　L: Low　　　時刻

図 9.4　　NRZI 信号

問9.5　　表 9.1 のハミングコードを用いるシステムにおいて，受信データが $(1100100)_2$ であった．誤ったビットを検出し，訂正しなさい．

第10章 コンピュータネットワーク

　コンピュータネットワーク（Computer Network）の始まりは，1960 年代の東西冷戦時代である．すなわち，1 つのコンピュータに情報や管理などが集中していると，このコンピュータが破壊された場合，アメリカ全土が麻痺してしまう．これを避けるために，アメリカ国防省は複数のコンピュータを通信回線で接続し，情報の分散配置や重複配置，機能分散制御，負荷分散などによって，一部のコンピュータが破壊されてもアメリカ全体の機能が維持できるように考えた．そして，大学に予算を出し，実験網 ARPANET（Advanced Research Project Agency Network）の構築が行われた．これがコンピュータネットワークの始まりである．この頃は，異種コンピュータ間での通信がほとんど不可能な状況であった．そこで，各所で実験網が構築され，コンピュータネットワークの基礎研究が行われた．そして，異種コンピュータ間通信が容易に行われるように，通信規約（プロトコル：Protocol）の国際標準化が行われ，TCP/IP（Transmission Communications Protocol/ Internet Protocol）やOSI（Open System Interface）が生まれた．1990 年代になると，実用化に向けた実験網が構築された．その一つがわが国の大学間コンピュータネットワーク jain（Japan Academic Inter–University Network）である．そして，インターネットが本格的に運用されたのは 1992 年頃からである．さらにインターネットが普及し，パソコンや携帯電話などが安価になったこともあって，いまや人と人との情報交換は，このインターネットを利用して，時間や場所を問わず他のコンピュータ（サーバ という）の情報を入手したり，資源（リソース という）などを利用できるようになってきている．本章では，コンピュータネットワーク（インターネット）の接続形態，コンピュータ間通信，分散型ネットワーク，身近なイーサネットや無線 LAN などを中心に述べる．

10.1　接続形態

　複数のコンピュータを通信回線で接続して，データ交換を行うことができるようにしたコンピュータネットワーク には，図 10.1 に示すように多くの接続形態がある．これらの接続形態は，地域性や処理目的などによって決まり，多種多様なものが考えられる．特に，(a) や (f) は構内ネットワーク（LAN (Local Area Network) という）に利用される形態であ

り，(b) は国と国を結ぶ衛星網の形態である．大学間を結ぶネットワークは (h) の分散型である．近年では，ノート型パソコンや携帯電話の普及により，無線 LAN （接続形態 (b) や (f)）が広く利用されている．

　次に，コンピュータ（ホスト計算機 という）から送られてくるデータブロックは，メッセージ とよび，コンピュータネットワーク内を転送されるデータブロックを パケット という．このパケットは，メッセージを幾つかの小さなブロックに分割して，それぞれに宛名（IP（Internet Protocol）アドレス 等）やパケット番号などの制御コードを付加したものである．このようにすることによって，パケットの送信・受信の並列処理から，回線効率を上げメッセージのネットワーク内転送時間を短くすることができる．すなわち，1 つのメッセージから分割された複数のパケットを別一の回線へ送出すること（ネットワーク内に複数の経路がある場合）によって，目的地に速く到着する．従って，各コンピュータが個々にパケットの出線を決めたり，渋滞が起こらないようにフロー制御などを行うことが必要である．これを 分散制御 という．

10.2　コンピュータ間通信

　独立動作しているコンピュータどうし，さらには製造メーカーが異なるコンピュータどうしのデータ交換は一般に困難である．そこで，図 10.2 に示すように，一般的な通信用 LSI である ACIA（Asynchronous Communications Interface Adaptor）等が用いられる．コンピュータネットワークでは通信専用の FEP（Front End Processor）が用いられる．この ACIA は，図 10.2 に示すように，8 ビット（1 バイト）の負論理のデータを 1 （High）から 0 （Low）になる時点（スタートビット：Start bit）をクロックで検出すると，次のビットからはほぼ中間の値をクロックで取り込む．そして，パリティ（Parity），2 ビット（または 1 ビット，3/2 ビット）のストップビット（Stop bit）を含め 11 ビット分取り込むと 1 バイトデータをコンピュータに取り込むことになる．その後，同じようにして 1 バイトデータを順次コンピュータに取り込む．1 バイト分のデータ転送と，次のデータ転送の間はどのくらい開いていてもよい．その意味において，非同期通信（調歩同期 という）である．なお，このクロック周波数は，データ転送の通信速度 s [bps]（bps=Bit Par Second）の 16 倍あるいは 64 倍である．コンピュータ間が近い場合はこのまま利用できるが，遠方であれば，第 3 章および第 4 章の伝送系を利用し，第 7 章で示す高周波によるデジタル変調を行う．さらに，送信と受信を交互に行う場合を 半二重回線 といい，独立に行うことができる場合を 全二重回線 という．なお，ここでは理解を容易にするため ACIA によって 1 バイト分の送受信を説明したが，通信専用 FEP では 1 パケット分を送受信して，プロトコルに従って処理する．

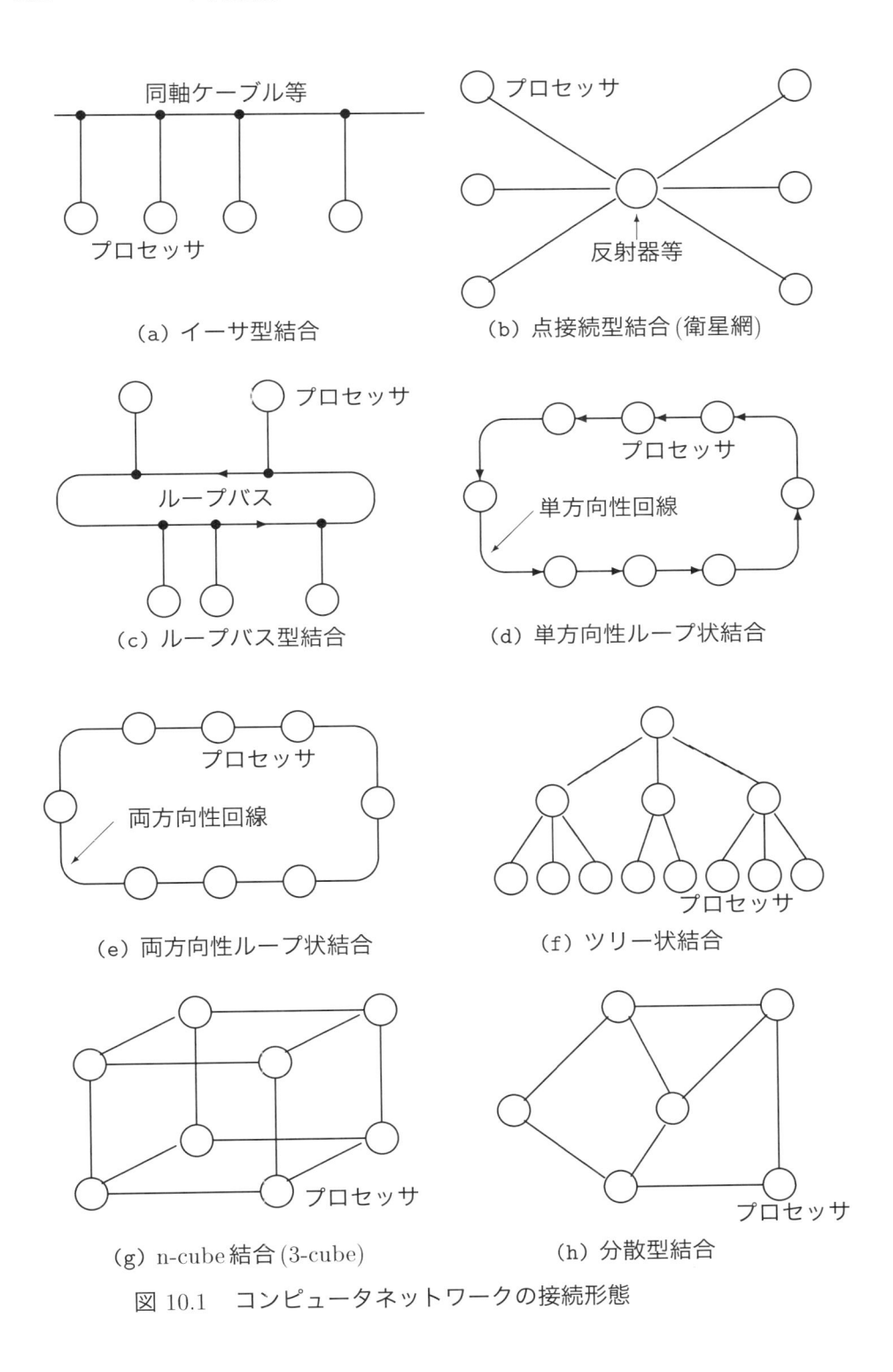

（a）イーサ型結合

（b）点接続型結合（衛星網）

（c）ループバス型結合

（d）単方向性ループ状結合

（e）両方向性ループ状結合

（f）ツリー状結合

（g）n-cube結合 (3-cube)

（h）分散型結合

図 10.1　コンピュータネットワークの接続形態

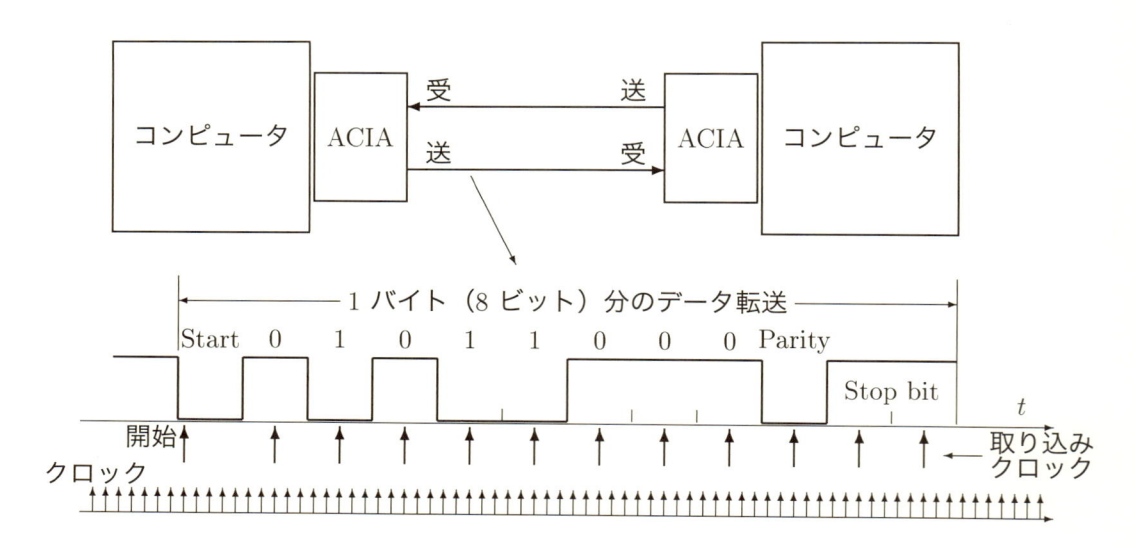

図 10.2　コンピュータ通信の例（調歩同期式）

10.3　分散型ネットワーク

　分散型ネットワーク（接続形態（d）（e）（g）（h））のパケット転送方式は，図 10.3 および図 10.4 に示すように，受け取ったパケットを一度記憶装置（メモリ）に格納してから新たな通信回線へ送出する 蓄積交換方式 である．この方式では，電話回線のように回線を保留することがなく，各種・各様のパケットを 1 本の回線に乗り入れることになるから，電話回線のような回線交換方式に比べ回線効率はよくなる．これは非同期の 時間分割多重通信方式 であるといえる．このような制御は主に高速コンピュータ（FEP や IMP：Interface Management Processor）が処理し，次の 2 つの制御が挙げられる．

（1）　コンピュータネットワークにおける高速データ通信ネットワークの制御である．この場合，郵便配送のように受け取ったパケットの IP アドレスや出線の状態（渋滞や故障など）などから出線を決める．すなわち，コンピュータや通信回線の故障などによって，パケットが転送されない場合がある．このような故障が発生した場合に，動的に経路を選ぶ必要がある．そこで，各コンピュータにおいて，目的コンピュータまでのパケット転送時間を監視するテーブルを設けて，動的に出線を決定する．これをルーティング（Routing）という．このため，転送されるパケットは，ネットワークの状態によって配送経路が変わる．この処理は，プロトコル階層のネットワーク層が司る．

(2)　図 10.3 に示すように，パケットが低速通信回線からより高速な通信回線へ乗り入れる制御である．すなわち，主コンピュータから高速データ通信ネットワークに入る場合，複数の入力回線からのパケットを 1 本のより高速回線に出力する場合などである．これは，多重通信方式に似ているが，そのような工夫がいらないこと，接続不可能な場合がないこと，などの利点が多い．

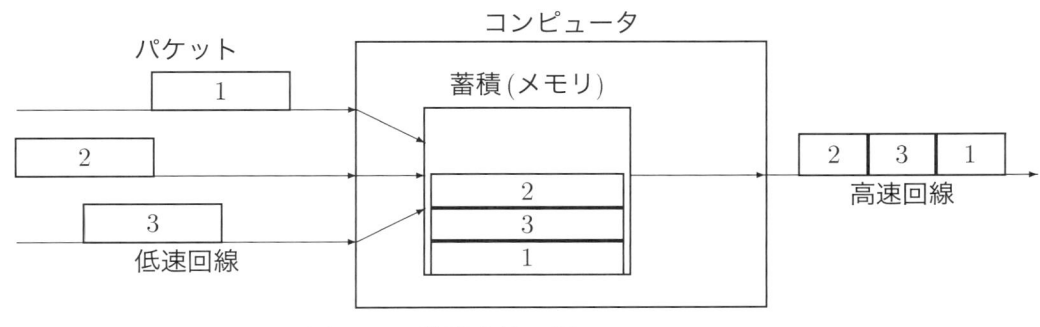

図 10.3　蓄積交換の例

10.4　分散型ネットワークのトラヒック解析

　分散型コンピュータネットワークにおける蓄積交換方式は，主に小型高速コンピュータが行っているので，ネットワークの状態に適応して動作している．このような蓄積交換方式を用いるコンピュータネットワークの理論的解析は，パケットを客，各回線を窓口とする 待ち行列システム としてとらえることができる．すなわち，コンピュータネットワークにおける 1 つの高速コンピュータのモデルは，図 10.4 のような 2 段待ち行列システムとなる．

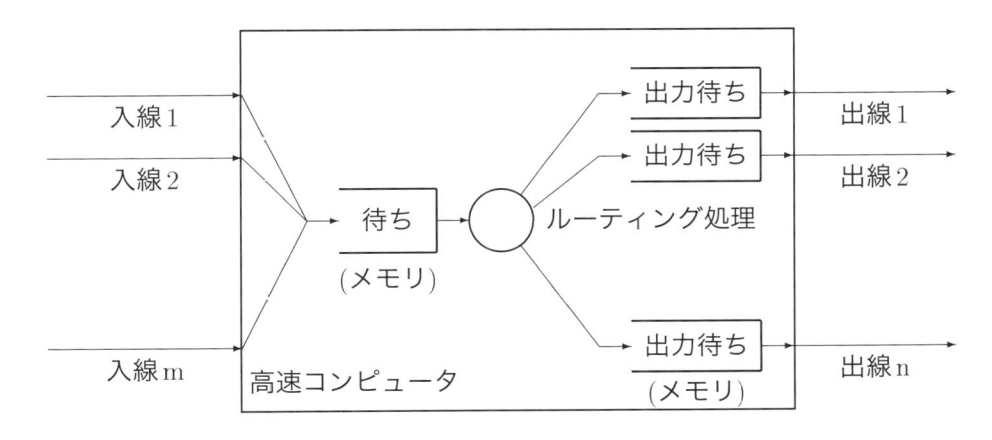

図 10.4　コンピュータネットワークにおける 1 ノードのモデル

　1 段目の待ち行列システムは入線から受け取ったパケットを 1 度メモリに記憶（蓄積）し，ルーティング などの処理待ちである．この処理が終われば各出線への記憶部に送られて，出力されるまで待つ 2 段目の待ち行列システムとなる．通常，ルーティングなどの処理時間は，パケットの送出時間より短いので，1 段目の待ち行列システムを考えない．以下において，簡単なネットワークにおけるトラヒック解析を行い，その後一般的なネットワークにおけるトラヒック解析の手法を示す．

（1）　簡単なネットワークのトラヒック解析
　簡単なネットワークの例として，図 10.5 左図に示す 4 ノードのネットワークを考える．

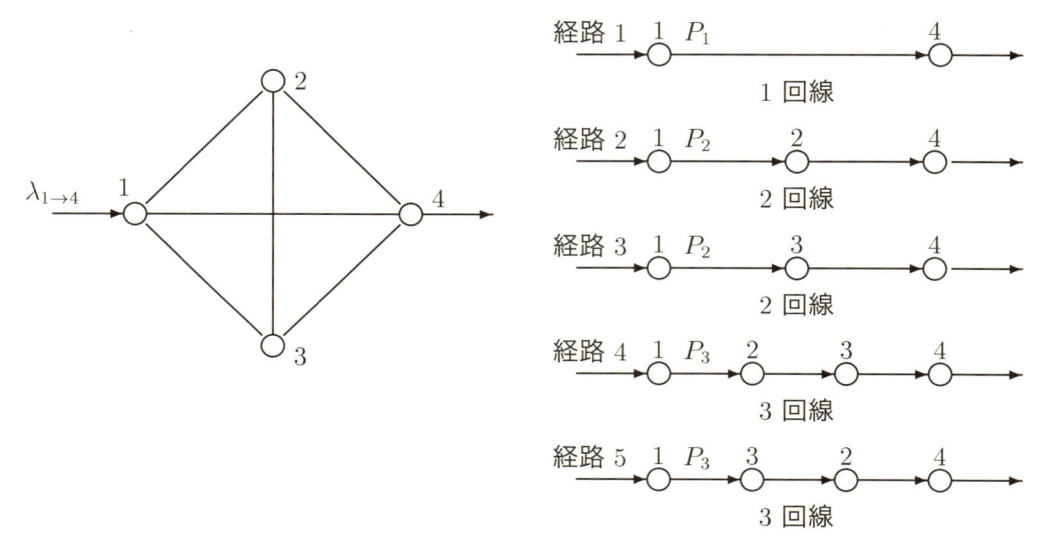

図 10.5　4 ノードのコンピュータネットワークのトラヒック

この場合，ノード 1 からノード 4 へのパケットの経路は図 10.5 右図に示すように 5 経路となる．それぞれの経路に P_1, P_2, P_2, P_3, P_3 （$P_1 + 2 \cdot P_2 + 2 \cdot P_3 = 1$）の確率でパケットが転送されるとする．また，ノード i から j へのパケット発生率（トラヒック）$\lambda_{i \to j}$ をすべて等しく $\lambda_{i \to j} = \lambda$ [packets/sec] とおくと，全ノードからネットワークに流入するトラヒックは $4 \cdot 3 \cdot \lambda = 12 \cdot \lambda$ [packets/sec] となる．そして，全ノードからこれらのトラヒックが流入するとすれば，ノード k から l へ流れるトラヒック $\lambda_{k \to l}$ [packets/sec] は $\lambda_{k \to l} = (P_1 + 4 \cdot P_2 + 4 \cdot P_3) \cdot \lambda$ となる．これが回線（全二重回線）$k \to l$ のパケット転送能力 $C_{k \to l} = C$ [packets/sec] に等しくならなければならないので，$\lambda_{i \to j} = \lambda$ は次式となる．

$$\lambda = \frac{C}{P_1 + 4 \cdot P_2 + 4 \cdot P_3} = \frac{C}{1 + 2 \cdot P_2 + 2 \cdot P_3} \quad \text{[packets/sec]}$$

従って，このネットワークのパケット転送能力は次式となる．

$$12 \cdot \lambda = \frac{12 \cdot C}{1 + 2 \cdot P_2 + 2 \cdot P_3} \quad [\text{packets/sec}]$$

なお，経路 1 だけ利用する場合（$P_2 = P_3 = 0$），最大のパケット転送能力 $12 \cdot C$ となる．しかし，実際の場合，経路 2 から経路 5 を利用することもありえるので，このパケット転送能力より低くなる．

(2)　一般的なネットワークのトラヒック解析

　この場合，1 パケットに着目したコンピュータネットワーク全体の転送モデルは，図 10.6 のように k ステップからなる直列（タンデム）型の待ち行列システムとなる．このステップ数は，ネットワーク内のトラヒック状態で変わる．これを理論的に解析する場合，以下のように進められる．

　まず，このコンピュータネットワークにおいて，各回線の 転送能力（処理率 μ）はすべて等しく，かつルーティングが効率よく行われて各回線のトラヒックがすべて等しい（到着率 λ に等しい）という設定のもとで行う．各回線における待ち行列システムをM/M/1待ち行列システムとするならば，1ステップの遅延時間分布の 確率密度関数 は

$$f(x) \;=\; (\mu - \lambda) \cdot e^{-(\mu - \lambda)\,x}$$

の 指数分布 となる．そして，k ステップ（コンピュータネットワーク）の遅延時間分布の 確率密度関数 は，$f(x)$ の $(k-1)$ 重の たたみ込み積分 から

$$d_k(x) \;=\; \frac{(\mu - \lambda)^k}{(k-1)!} \cdot x^{k-1} \cdot e^{-(\mu - \lambda)\,x}$$

の アーラン分布 となる．さらに，k ステップで目的地に到着する確率を P_k とおけば，コンピュータネットワークにおける遅延時間分布の 確率密度関数 は，次式となる．

$$d(x) \;=\; \sum_{k=1}^{\infty} P_k \cdot d_k(x) \qquad \sum_{k=1}^{\infty} P_k = 1$$

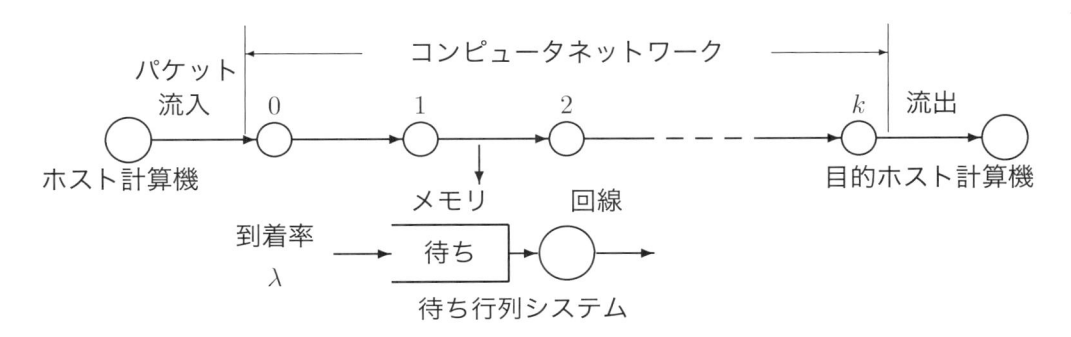

図 10.6　コンピュータネットワークの転送モデル

　以上のように解析を進めることができるが，道路網のように渋滞や故障などの発生による
ネットワーク内トラヒックの変動などの解析においては，なかなか困難な面が多い．このような場合，シミュレーション(GPSS 言語など) によって行う場合が少なくない．なお，コンピュータネットワーク（次のイーサネットを含む）の詳細な解析手法に関しては参考文献[4] を参照されたい．

10.5　イーサネット

　イーサネット（接続形態 (a)）は，衛星を利用した無線ネットワークである ALOHA システムのアイデアに基づき，1972 年〜 1973年にかけて米ゼロックス社のパロアルト研究所においてロバート・メトカーフを中心に開発された．1973年5月22日に特許として登録したため，この日が イーサネット の誕生日とされている．その後，ゼロックス社は特許を開放してオープンな規格としたため，世界中の企業や研究者が技術の仕様策定と製品の開発に加わり，様一な商品が生み出された．IEEE 802.3 規格（初期）のイーサネットは，50 Ω の同軸ケーブルを利用し，図 10.1 (a) のイーサ型の形態であり，半二重通信で 10 [Mbps] を達成したものである．ここで，IEEE 802.3 規格では OSI 参照モデルのプロトコルにおける物理層およびデータリンク層を規定している．

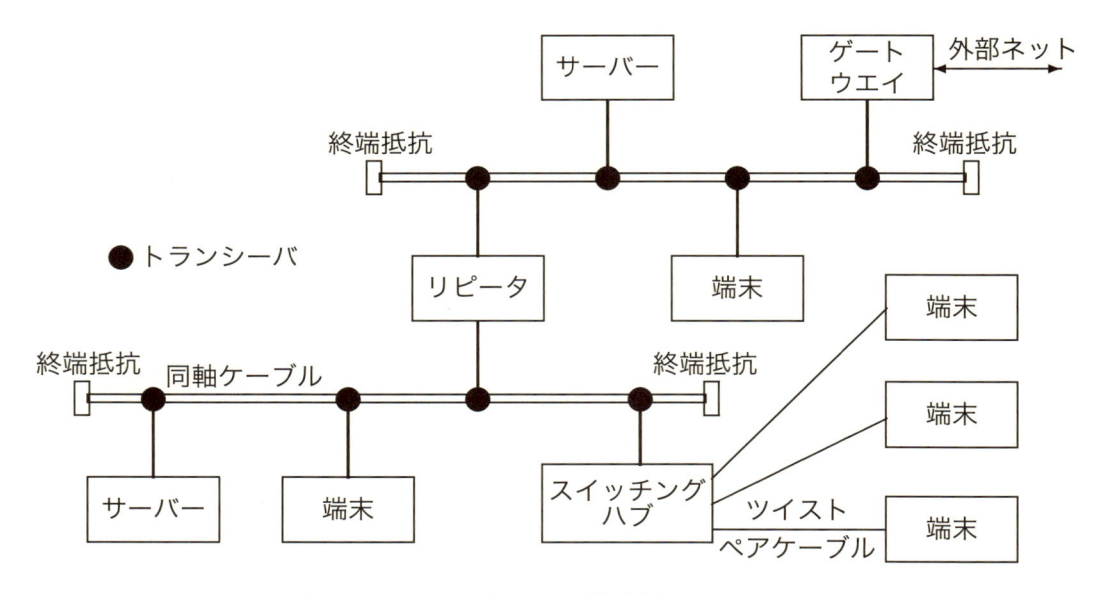

図 10.7　イーサネットの構成例

　初期のイーサネットは，図 10.7 に示すように，複数の端末が1本の同軸ケーブルに接続さ

れているため，多数の端末が繋がっている場合，一つ端末から送出されたデータは同じイーサネットに繋がっている他の全端末へ届けられる通信方式（放送モード や ブロードキャスト方式 (Broadcast) という）である．このため，ある端末が他の一つの端末と通信している時，別の端末が新たに送信要求が発生した場合，伝送路の空きを待つ必要がある．また，複数の端末からほぼ同時に送信が行われた場合，衝突（コリジョン，Collision）し，データが損失することがある．この対策として CSMA/CD （Carrier Sense Multiple Access/Collision Detection）法を導入したり，リピータやルータなどでイーサネットの領域を区切る方法をとったりする．

　さらに，イーサネットにおけるデータ伝送方式は図 10.8 に示すようになる．すなわち，プリアンプルの部分は，その後のデータを正しく受信するための同期をとったり，衝突を検知したりする部分である．そして，1 バイト分の SFD （Start Frame Data）を経て，6 バイトの宛先アドレスおよび 6 バイトの送信元アドレスがある．このアドレスは端末機器固有の MAC （Media Access Code）アドレスである．次に，2 バイトの長さや形式，46 バイトから 1500 バイトの可変長データ部，エラー検出のための 4 バイト FCS （Frame Check Sequence）が続く．この FCS は宛先 MAC アドレス，送信元 MAC アドレス，タイプ，データ部の 4 つの領域の情報が正しく受信できたか，CRC （第 9 章 9.5 参照）を用いて判定する．これらの信号を伝送するに場合，ベースバンド変調（BASE）とブロードバンド変調（BROAD）を利用する．ベースバンド変調の 10BASEx では図 7.3 に示すマンチェスター（Manchester）コードがそのままの形式で送られる．このマンチェスターコードは，図に示すように，信号の中央で常に L （Low）から H （High）へ，H （High）から L （Low）へ信号レベルが変化することでクロック信号をデータ信号に重ねて送ることができる．ここで，可変長データ部には，セッション層やトランスポート層で生成されたパケットが入る．

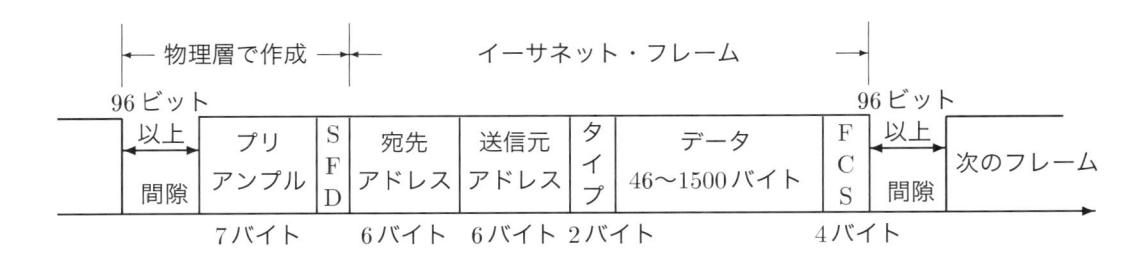

図 10.8　イーサネットにおけるパケット伝送方式

10.6　無線 LAN

　無線 LAN を用いたネットワーク構成は，図 10.9 に示すように，図 10.1 (f) のツリー状結合であるが，基本的にはイーサネットである．外部ネットからは光ケーブルなどの高速回線でゲートウエイ（GW）に接続される．ゲートウエイからスイッチングハブへの接続は，一般的には光ケーブルやツイストペアケーブルなどで接続され，スイッチングハブから無線 LAN ルータにはツイストペアケーブルなどで接続される．無線 LAN ルータから端末（パソコン等）の間は 2.4〜2.4835 [GHz] 帯（WW），2.471〜2.497 [GHz] 帯（GZ），5.2, 5.3 [GHz] 帯（XW），5.6 [GHz] 帯（YW）の電波を利用する．この変調方式は OFDM（Orthogonal Frequency Division Multiplexing）や QPSK（Quadrature Phase Shift Keying）+ CCK（Complementary Code Keying :拡散変調）である．

　この無線 LAN 通信方式は，IEEE 802.11 標準規格であり，Wi–Fi として普及している．日本では，1992 年に電波法令上の小電力データ通信システムの無線局として技術基準が定められた．無線 LAN 通信の開設には無線局の免許は不要であるが，技術基準適合証明を必要とし，電気通信回線に接続する場合は技術基準適合認定を必要としている．このため，この認定がなければ，日本国内で利用することはできない．

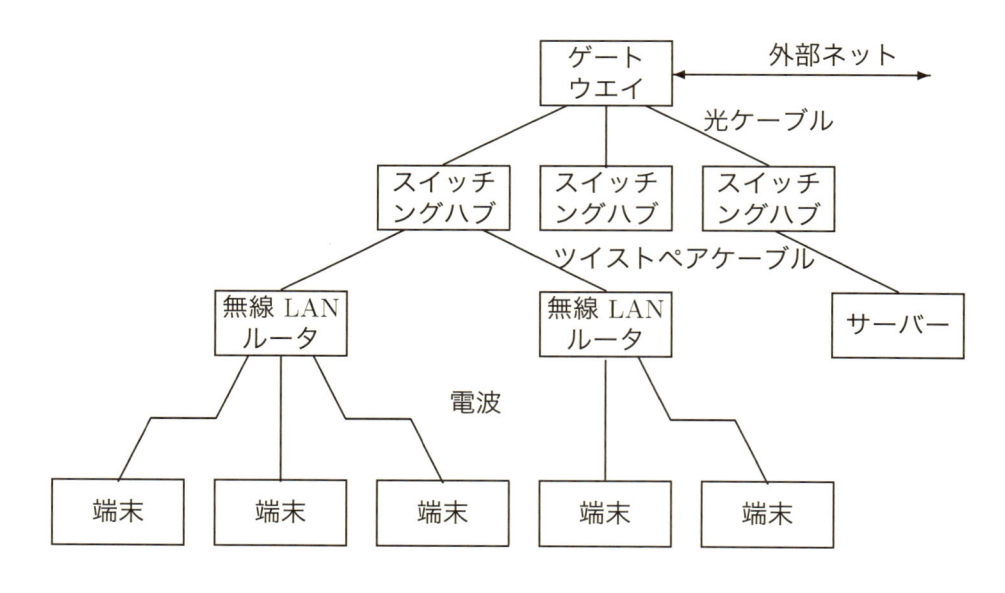

図 10.9　無線 LAN を利用したネットワーク構成例

　無線 LAN は電波を利用しているため，いくつかの注意が必要である．最も普及している 2.4 [GHz] の機器の場合，電子レンジ（水分子の振動周波数 2.45 [GHz] を使用）付近では通

信に著しい影響を受けて，通信不能になる．また，無線局登録を受けて運用する無線局（無線免許状のある無線局）からの混信に対して，異議・排除を申し立てる権利は無く，逆に使用中止を要求されたら，利用者は従わねばならない．無線 LAN と同等の小電力無線局が先に利用していれば，これが優先する．さらに，第三者によって通信内容を傍受される危険性があるため，無線 LAN のアクセスポイントと通信を行う機器との間の セキュリティ対策が必要となる．たとえば，ネットワークキーと呼ばれるパスワードを用いて，このキーを知るコンピュータのみが利用できるようにする方法がある．

10.7　バス接続型ネットワークのトラヒック解析

　人工衛星を用いたコンピュータネットワーク（衛星計算機網）や無線 LAN などは，1 点接続型のコンピュータネットワークとなる．このようなコンピュータネットワークでは，接続点で 2 つ以上の伝送パケットの衝突が起きて，それらのパケットはだめになってしまう．このような解析例は非常に多くあるが，ここでは 2〜3 の解析例を示す．

（1）　ランダムアクセス法

　ランダムアクセス法は，図 10.10 (a) に示すように，コンピュータにパケットの送信要求 (到着) が発生するとただちに伝送する方法である．ただし，コンピュータと衛星との間に伝送遅延があるが，理解し易いようにこれを 0 と考える．ここで，パケットの伝送専有時間（図 10.8 に示すプリアンプルから次のフレームのプリアンプルまでの時間）を τ とおき，1 つの伝送パケットに着目したとき他の伝送パケットが前後 τ（すなわち 2τ）以内に発生しなければ，衝突が起きない．また，衝突した場合各コンピュータでその衝突が分かるので，再送を行う．単位時間に λ 個のパケットが発生（発生率）すれば，衝突による再送のため衛星上では実質単位時間に λ' 個のパケットが発生したことになる．

　いま，再送を含めたパケットの発生がランダムである（ポアソン分布 となる）とするならば，2τ 時間に k 個のパケットが発生する確率は次式となる．

$$P(X = k, 2\tau) \;=\; \frac{(2\lambda'\tau)^k}{k!} \cdot e^{-2\lambda'\tau}$$

従って，パケットが衝突しない確率は，2τ 内にパケットが発生しなければよいから，$P(X = 0, 2\tau) = e^{-2\lambda'\tau}$ となる．これから，$G = \lambda'\tau$ 個のパケット（トラヒック という）が成功して通り抜ける個数 $S = \lambda\tau$ （スループット という）は，

$$S(=\lambda\tau) = \lambda'\tau \cdot e^{-2\lambda'\tau} = G \cdot e^{-2G}$$

となる．この式において，スループット S の最大値は，$G = \frac{1}{2}$ のときであり，$S = \frac{e^{-1}}{2}$ となる．このようなアクセス法を pure ALOHA 方式という．

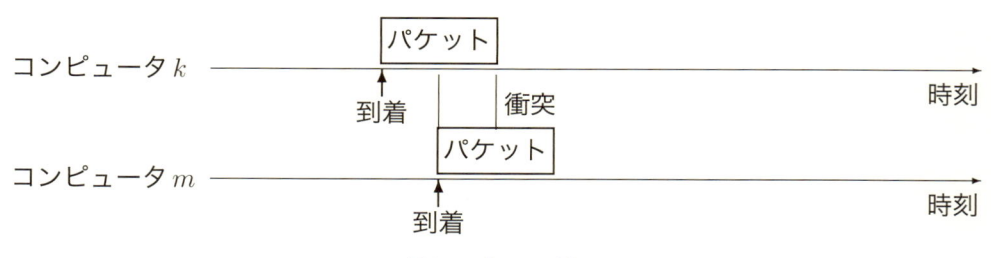

（a）ランダムアクセス法

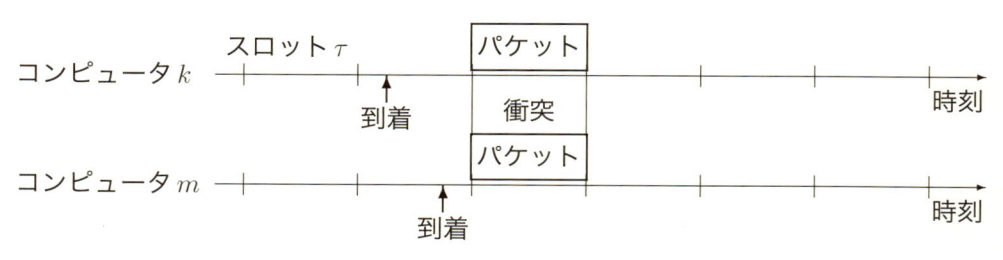

（b）スロットアクセス法

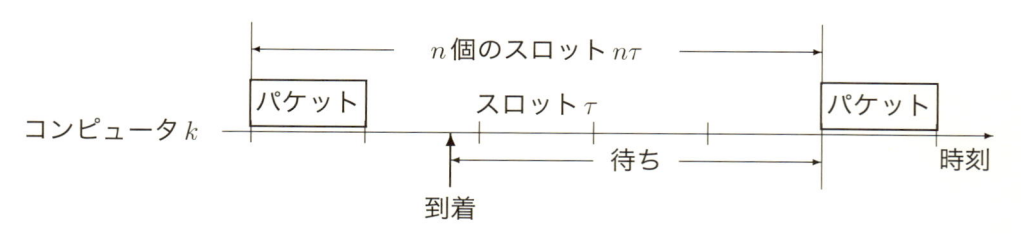

（c）時間分割多重アクセス法

図 10.10   衛星ネットワークのアクセス法

（2）　スロットアクセス法

　この方法は，図 10.10 (b) に示すように，時間軸を τ 時間で区切ったスロットに分割し，そのスロットの開始時点でパケットを送信する方法である．このようにパケットの送出時刻を揃えると，送出パケットの衝突は完全にオーバラップする形で起こる．従って，ランダムアクセスの場合と同様，τ 内にパケットが発生しない確率は，$P(X = 0, \tau) = e^{-\lambda' \tau}$ となるから，

$$S(= \lambda \tau) = \lambda' \tau \cdot e^{-\lambda' \tau} = G \cdot e^{-G}$$

となる。従って，スループット S の最大値は $G = 1$ のときであり，$S = e^{-1}$ となる．これは，パケットの送出時刻を揃えるという簡単な工夫で，ランダムアクセス法に比べて 2

倍のスループットを得ることができることを示している．このようなアクセス法を slotted ALOHA 方式という．さらに，トラヒック G とスループット S との関係を示すならば図 10.11 のようになる．図から分かるように，slotted ALOHA 方式が同じトラヒックに対して高いスループットが得られる．

(3) CSMA 方式

通信回線に伝送遅延があるため，パケット送信におけるキャリアを検出できずにパケットを送出するため，衝突する．キャリアを検出できない時間帯を d とおく．キャリアを検出できれば，一定時間後にパケットを送信することになる．衝突による再送を含めパケット送信要求がランダムに発生するとすれば，pure ALOHA 方式の場合と同様，衝突しない確率は $e^{-2\lambda' d}$ である．従って，スループットは

$$S = \lambda\tau = \lambda'\tau \cdot e^{-2\lambda' d} = G \cdot e^{-\frac{2d}{\tau}\cdot G}$$

となる．この関係は図 10.11 のようになり，高いスループットを得ることができる．

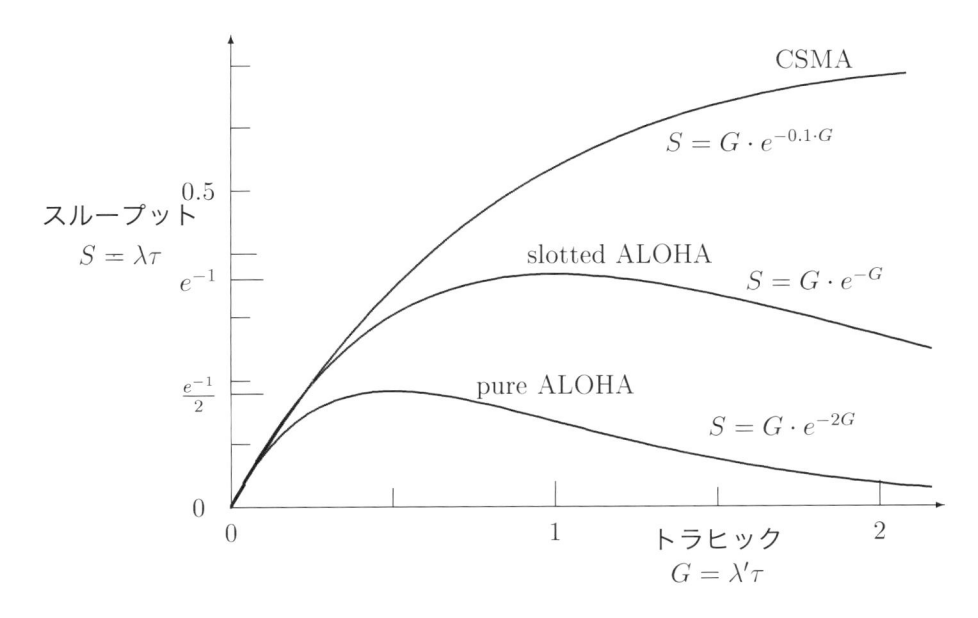

図 10.11　トラヒックとスループットとの関係

(4) 時間分割多重アクセス法

一方，図 10.10 (c) に示すように，時間軸を時間間隔 τ のスロットに分割し，各コンピュータに周期的にパケットの送出スロットを割り当てる方法である．これを 時間分割多重アクセス法（TDMA: Time Division Multiple Access）という．この場合，パケットの衝突は起

こらないが，送出まで待たされることから，上の 2 つのアクセス法に比べ転送遅延時間が長くなる．また，上の 2 つのアクセス法はスループットがある値より高くならないが，この TDMA 法のスループットは 1 にできる．しかしながら，平均待ち時間は，理論的に無限大となる．これは次のようにして説明できる．すなわち，ランダムにパケットが到着し，転送時間を一般分布として，その確率密度関数を $f(x)$ とすれば，M/G/1 待ち行列システムの平均待ち時間となり，参考文献 [4] から次式である．

$$W_q \; = \; \frac{\lambda}{2\,(1-\rho)} \cdot \int_0^\infty x^2 \cdot f(x)\, dx \qquad \rho = \frac{\lambda}{\mu}, \; \frac{1}{\mu} = \int_0^\infty x \cdot f(x)\, dx$$

ここで，λ および μ はそれぞれパケットの到着率および処理率である．また，$\rho = \frac{\lambda}{\mu}$ はトラヒック密度 であり，処理窓口の利用率に等しい．従って，スループットが 1 であるということは，$\rho = 1$ であり，平均待ち時間 W_q は無限大となる．

練習問題 10

問10.1   コンピュータネットワークにおいて，長いデータブロック(メッセージ) を転送するより，これを小さなデータブロックに分割したパケットで転送する方がよい理由をあげなさい．

問10.2   分散型コンピュータネットワークのフロー制御に等数パケット法がある．この方法を実現する方法を示しなさい．

問10.3   図 10.5 に示す 4 ノードの場合と同様の方法で，ノード数が 3 の場合のネットワーク転送能力を求めなさい．

問10.4   同じ指数分布が k 個直列につながった場合の遅延時間分布の確率密度関数 $f_k(x)$ を求めなさい．

問10.5   M/M/1 待ち行列システムの系内数 n の確率は $p_n = \rho^n \cdot (1 - \rho)$ である．これを利用してシステムの遅延時間分布の確率密度関数 $f(x)$ を求めなさい．ここで，到着率を λ，処理率を μ とすれば，$\rho = \frac{\lambda}{\mu}$ である．

問10.6   pure ALOHA 方式および slotted ALOHA 方式におけるスループットの最大値を導出しなさい．

問10.7   TDMA 方式は M/D/1 待ち行列システムでモデル化できる．そこで，M/G/1 待ち行列システムとして平均待ち時間を導出し，M/M/1 待ち行列システムおよび M/D/1 待ち行列システムの平均待ち時間を求め違いを示しなさい．

第11章　おわりに

1990 年頃からコンピュータネットワーク（インターネット）が急速に普及し，パーソナルコンピュータや携帯電話が安価になったことも相まって，インターネットの仕組みや基礎知識を持たない一般人までも，電子メール，WWW（World Wide Web），ソーシャルネットワークなどによる情報提供や情報交換を行うようになった．そして，利用者の増大に伴い，ネットワークの拡大や回線の高速化が行われ，通信量が爆発的に増大した．このようなコンピュータネットワークは，文字情報ばかりではなく，音声データや（動）画像データ，およびこれらが混在したデータなどが転送されている．さらに，これらが普及し，種々のものが便利になると，悪意のある利用者も増え，ウィルスなどを利用した情報破壊や情報漏えいなどの問題が多発している．この対策にかかる費用は莫大なものになっている．いわゆる，便利になればなるほど，危険性が増し，その対策に多大な費用を必要とする．

そこで本書では，インターネットや携帯電話などを支えている基礎技術について，次のように著した．すなわち，第 2 章では本書の内容，特に第 2 章の伝送線路の解析や第 8 章のフィルタ解析を理解するために必要な線形回路網解析について示した．第 3 章および第 4 章の伝送系では，同軸ケーブルや光ケーブルなどの伝送線路理論や電磁波理論について述べた．これらの理論は，自然現象（物理現象）を扱っているので普遍である．第 5 章から第 7 章の送信系・受信系では，高周波を音声信号やデジタル信号などで変調を行い，伝送系によって遠方に送り，それを復調して信号を取り出す手法を示した．この背景には，三角関数の直交性 を利用したフーリエ級数展開やフーリエ変換・逆変換が欠かせない．第 8 章は，送信系・受信系を実現する電子回路において必須であるフィルタについて示した．第 9 章の符号系・復号系では，特にデジタル情報伝送において，話し手と受け手の主観や価値観などによらない評価量である情報理論について述べた．第 10 章は，これらの基礎技術を利用して，コンピュータ同士を接続して情報交換を行うコンピュータネットワーク（インターネット）の構築法およびトラヒック理論について示した．

本書は，現在主流となっているインターネットや携帯電話のハードウエア面を中心に述べた．ここで述べた技術は普遍である．そして，この後に続く科目は，「コンピュータネットワーク」や「マルチメディア」などであり，このハードウエアの上にこれらのソフトウエア（プロトコル）が実装されることになる．このハードウエアが効率的なものでなかったら，その上に

のるソフトウエアは揺らいでしまう．すなわち，これらのハードウエア技術者（インターネットの構築および保守，携帯電話のアンテナ等の構築や保守などを行う無線技術士および情報通信技術者）は表舞台には出ないが，重要な任務を負っていることを忘れないでいただきたい．

付録 A ラプラス変換・逆変換

音声信号などのように，時刻を変数とする実関数を複素平面に写像すれば，その特徴を表現することができる．すなわち，複素平面上の点（極 という）として現れる．この複素数平面上への写像を ラプラス変換 という．また，複素平面から実関数へ戻す方法である 複素積分 を 逆変換 という．ここでは，本文の電気回路解析において，よく出現するラプラス変換の意味，複素積分，ラプラス逆変換，ラプラス変換・逆変換から導かれる $z-$ 変換・逆変換等について，例題を解きながら説明する．

A.1 ラプラス変換

時刻 t を変数とする実関数 $f(t)$ のラプラス変換式 $F(s)$ は次式で定義されている．

$$F(s) \;=\; \int_0^\infty f(t) \cdot e^{-s\,t}\, dt$$

ここで，s は上の積分が収束する任意の複素数である．この s を複素数平面上で表現すると図 A.1 のようになる．以下に例題によってラプラス変換の意味を説明する．

例題 A.1　振動しながら増幅する実関数 $f(t) = e^{a\,t} \cdot \cos(\omega\,t)\ (a > 0)$ のラプラス変換 $F(s)$ を求める．

$$
\begin{aligned}
F(s) \;&=\; \int_0^\infty e^{a\,t} \cdot \cos(\omega\,t) \cdot e^{-s\,t}\, dt = \int_0^\infty e^{a\,t} \cdot \frac{e^{j\omega\,t} + e^{-j\omega\,t}}{2} \cdot e^{-s\,t}\, dt \\
&=\; \int_0^\infty \frac{e^{-\{s-(a+j\omega)\}\,t} + e^{-\{s-(a-j\omega)\}\,t}}{2}\, dt = \frac{1}{2} \cdot \left\{ \frac{1}{s - (a + j\,\omega)} + \frac{1}{s - (a - j\,\omega)} \right\} \\
&=\; \frac{s - a}{(s - a - j\,\omega)(s - a + j\,\omega)} = \frac{s - a}{(s - a)^2 + \omega^2}
\end{aligned}
$$

すなわち，複素数平面上において，複素関数 $F(s)$ の分母がゼロとなる 極 は $\alpha = a + j\,\omega$ および $\overline{\alpha} = a - j\,\omega$　（α の 共役複素数）である．

例題 A.2　同様に，振動しながら減衰する実関数 $f(t) = e^{-a\,t} \cdot \cos(\omega\,t)\ (a > 0)$ のラプラス変換 $F(s)$ を求める．

$$F(s) \;=\; \int_0^\infty e^{-a\,t} \cdot \cos(\omega\,t) \cdot e^{-s\,t}\, dt = \int_0^\infty e^{a\,t} \cdot \frac{e^{j\omega\,t} + e^{-j\omega\,t}}{2} \cdot e^{-s\,t}\, dt$$

$$= \int_0^\infty \frac{e^{-\{s-(-a+j\omega)\}t} + e^{-\{s+(-a-j\omega)\}t}}{2} dt = \frac{1}{2} \cdot \left\{ \frac{1}{s-(-a+j\omega)} + \frac{1}{s-(-a-j\omega)} \right\}$$

$$= \frac{s+a}{(s+a-j\omega)(s+a+j\omega)} = \frac{s+a}{(s+a)^2+\omega^2}$$

この場合，複素関数 $F(s)$ の 極 は $\beta = -a+j\omega$ および $\overline{\beta} = -a-j\omega$ である．

例題 A.3 振動関数 $f(t) = \cos(\omega t)$ のラプラス変換 $F(s)$ を求める．

$$F(s) = \int_0^\infty \cos(\omega t) \cdot e^{-st} dt = \int_0^\infty \frac{e^{j\omega t} + e^{-j\omega t}}{2} \cdot e^{-st} dt$$

$$= \frac{1}{2} \cdot \left(\frac{1}{s-j\omega} + \frac{1}{s+j\omega} \right) = \frac{s}{(s-j\omega)(s+j\omega)} = \frac{s}{s^2+\omega^2}$$

この場合も複素関数 $F(s)$ の 極 は $j\omega$ および $-j\omega$ であり，虚軸上の点として現れる．

　以上，実関数の ラプラス変換 は，その実関数の特徴として，複素数平面上の実部と虚部の 2 変数で表される点（極）となって現れる．そして，この極は，実軸にない場合，複素数とその共役複素数の 2 個存在することになる．

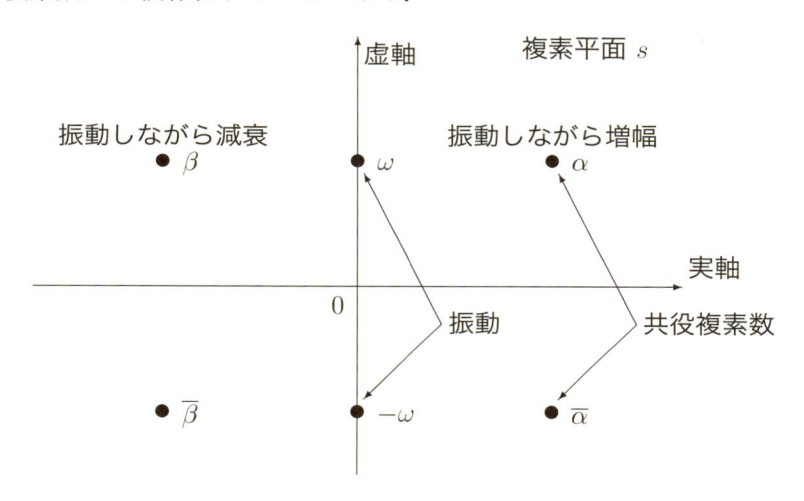

図 A.1　ラプラス変換における複素平面

A.2　種々の実関数のラプラス変換

(a)　$f(t) = a \cdot t^n$ のラプラス変換

$$F(s) = \int_0^\infty a \cdot t^n \cdot e^{-st} dt = \left[-\frac{a \cdot t^n}{s} \cdot e^{-st} \right]_0^\infty + \frac{a \cdot n}{s} \cdot \int_0^\infty t^{n-1} \cdot e^{-st} dt$$

$$= 0 + \frac{a \cdot n}{s} \cdot \left[-\frac{t^n}{s} \cdot e^{-st} \right]_0^\infty + \frac{a \cdot n(n-1)}{s^2} \cdot \int_0^\infty t^{n-2} \cdot e^{-st} dt = \cdots$$

$$= 0 + \frac{a \cdot n!}{s^n} \cdot \int_0^\infty e^{-st} dt = \frac{a \cdot n!}{s^{n+1}}$$

(b) $f(t) = e^{a\,t}$ のラプラス変換

$$F(s) \;=\; \int_0^\infty e^{a\,t} \cdot e^{-s\,t}\,dt = \int_0^\infty e^{-(s-a)\,t}\,dt = \frac{1}{s-a}$$

(c) $f(t) = t^n \cdot e^{a\,t}$ のラプラス変換

$$
\begin{aligned}
F(s) \;&=\; \int_0^\infty t^n \cdot e^{a\,t} \cdot e^{-s\,t}\,dt = \int_0^\infty t^n \cdot e^{-(s-a)\,t}\,dt \\
&=\; \left[t^n \cdot e^{a\,t} \cdot \frac{e^{-(s-a)\,t}}{-(s-a)} \right]_0^\infty + \frac{n}{s-a} \cdot \int_0^\infty t^{n-1} \cdot e^{-(s-a)\,t}\,dt \\
&=\; 0 + \frac{n}{s-a} \cdot \left[t^n \cdot e^{a\,t} \cdot \frac{e^{-(s-a)\,t}}{-(s-a)} \right]_0^\infty + \frac{n\,(n-1)}{(s-a)^2} \cdot \int_0^\infty t^{n-2} \cdot e^{-(s-a)\,t}\,dt \\
&=\; \cdots = \frac{n!}{(s-a)^n} \cdot \int_0^\infty e^{-(s-a)\,t}\,dt = \frac{n!}{(s-a)^{n+1}}
\end{aligned}
$$

(d) $f(t) = \sin(\omega\,t)$ のラプラス変換

$$
\begin{aligned}
F(s) \;&=\; \int_0^\infty \sin(\omega\,t) \cdot e^{-s\,t}\,dt = \int_0^\infty \frac{e^{j\,\omega\,t} - e^{-j\,\omega\,t}}{2j} \cdot e^{-s\,t}\,dt \\
&=\; \frac{1}{2\,j} \cdot \int_0^\infty \left\{ e^{-(s-j\,\omega)\,t} - e^{-(s+j\,\omega)\,t} \right\}\,dt = \frac{1}{2\,j} \cdot \left(\frac{1}{s-j\,\omega} - \frac{1}{s+j\,\omega} \right) \\
&=\; \frac{\omega}{(s-j\,\omega)(s+j\,\omega)} = \frac{\omega}{s^2 + \omega^2}
\end{aligned}
$$

(e) $f(t) = \cosh(a\,t)$ のラプラス変換

$$
\begin{aligned}
F(s) \;&=\; \int_0^\infty \cosh(a\,t) \cdot e^{-s\,t}\,dt = \int_0^\infty \frac{e^{a\,t} + e^{-a\,t}}{2} \cdot e^{-s\,t}\,dt = \frac{1}{2} \cdot \left(\frac{1}{s-a} + \frac{1}{s+a} \right) \\
&=\; \frac{s}{(s-a)(s+a)} = \frac{s}{s^2 - a^2}
\end{aligned}
$$

(f) $f(t) = \sinh(a\,t)$ のラプラス変換

$$
\begin{aligned}
F(s) \;&=\; \int_0^\infty \sinh(a\,t) \cdot e^{-s\,t}\,dt = \int_0^\infty \frac{e^{a\,t} - e^{-a\,t}}{2} \cdot e^{-s\,t}\,dt = \frac{1}{2} \cdot \left(\frac{1}{s-a} - \frac{1}{s+a} \right) \\
&=\; \frac{a}{(s-a)(s+a)} = \frac{a}{s^2 - a^2}
\end{aligned}
$$

(g) n 階微分 $\frac{d^n}{dt^n} f(t)$ のラプラス変換

$$
\begin{aligned}
\int_0^\infty \frac{d^n}{dt^n} f(t) \cdot e^{-s\,t}\,dt &= \left[\frac{d^{n-1}}{dt^{n-1}} f(t) \cdot e^{-s\,t} \right]_0^\infty + s \cdot \int_0^\infty \frac{d^{n-1}}{dt^{n-1}} f(t) \cdot e^{-s\,t}\,dt \\
&= -f^{n-1}(0) + s \cdot \left[\frac{d^{n-2}}{dt^{n-2}} f(t) \cdot e^{-s\,t} \right]_0^\infty + s^2 \cdot \int_0^\infty \frac{d^{n-3}}{dt^{n-3}} f(t) \cdot e^{-s\,t}\,dt = \cdots \\
&= -f^{(n-1)}(0) - s \cdot f^{(n-2)}(0) - \cdots - s^{n-1} \cdot f(0) + s^n \cdot F(s)
\end{aligned}
$$

ここで, $f^{(n-1)}(0)$ は $n-1$ 階微分の初期値である.

(h)　積分 $\int_0^t f(\tau)\,d\tau$ のラプラス変換

$$\int_0^\infty \left\{\int_0^t f(\tau)\,d\tau\right\} \cdot e^{-st}dt = \left[-\frac{1}{s}\cdot e^{-st}\cdot\int_0^t f(\tau)\,d\tau\right]_0^\infty + \frac{1}{s}\cdot\int_0^\infty f(t)\cdot e^{-st}dt = 0 + \frac{F(s)}{s}$$

同様に，n 重積分の場合は以下となる．

$$\int_0^\infty \left\{(\int d\tau)^n f(\tau)\right\}d\tau e^{-st}dt = \left[-\frac{1}{s}\cdot e^{-st}\cdot[\int d\tau]^{n-1}f(\tau)\right]_0^\infty$$
$$+\frac{1}{s}\cdot\int_0^\infty\left\{(\int d\tau)^{n-1}f(\tau)\,d\tau\right\}\cdot e^{-st}dt = \cdots = \frac{F(s)}{s^n}$$

(i)　$f_1(t)$ と $f_2(t)$ とのたたみ込み積分のラプラス変換

$$\int_0^\infty\left\{\int_0^t f_1(\tau)\cdot f_2(t-\tau)\,d\tau\right\}\cdot e^{-st}dt = \int_0^\infty\int_0^\infty f_1(x)\cdot f_2(y)\cdot e^{-s(x+y)}\,dx\,dy$$
$$(t=x+y),\,x=\tau)$$
$$=\left\{\int_0^\infty f_1(x)\cdot e^{-sx}\,dx\right\}\cdot\left\{\int_0^\infty f_2(y)\cdot e^{-sy}\,dy\right\} = F_1(s)\cdot F_2(s)$$

すなわち，個々の関数 $f_1(t)$ および $f_2(t)$ のラプラス変換の積となる．

(j)　フーリエ級数展開式のラプラス変換

$$G(s) = \int_0^\infty g(t)\cdot e^{-st}\,dt = \int_0^\infty\sum_{n=0}^\infty\{A_n\cdot\cos(n\,\omega_0\,t)+B_n\cdot\sin(n\,\omega_0\,t)\}\cdot e^{-st}\,dt$$
$$=\sum_{n=0}^\infty\left\{\frac{A_n}{s^2+(n\,\omega_0)^2}+\frac{B_n\cdot n\,\omega_0}{s^2+(n\,\omega_0)^2}\right\} = \sum_{n=-\infty}^\infty\frac{C_n}{s+j\,n\,\omega_0}$$

ここで，$\omega_0\,(=2\,\pi\,f_0)$ は基本周波数 f_0 の角周波数である．この場合の極は，虚数軸上に飛び飛びの点 $\pm n\,\omega_0\,(n=1,2,\cdots)$ として表れる．すなわち，フーリエ級数展開やフーリエ変換における極は，虚数軸上に写像される．

A.3　ラプラス逆変換

例題 A.3 $f(t)=\cos(\omega\,t)$ および p.121 の (d) $f(t)=\sin(\omega\,t)$ のラプラス変換において，分母がゼロとなる複素平面上の点（極）は虚軸上の $(0,\,j\omega)$ と $(0,\,-j\omega)$ であり，進行波 と後進波 を意味している．また，(e) $f(t)=\cosh(a\,t)$，(f) $f(t)=\sinh(a\,t)$ の複素平面上の点は実軸上の $(a,\,0)$ と $(-a,\,0)$ であり，増幅 と 減衰 を意味する。この ラプラス変換式 $F(s)$ から元の実数関数 $f(t)$ に戻す 逆変換 は，次の 複素積分 （コーシーの積分公式）となる．

$$f(t) = \frac{1}{2\,\pi\,j}\cdot\int_C F(s)\cdot e^{st}ds = \sum_k \text{Res}(\alpha_k)$$

ここで，$\mathrm{Res}(\alpha_k)$ は複素関数 $F(s)$ の分母がゼロとなる点 α_k （極）での積分値（留数 という）である．例えば，$F(s) = \frac{g(s)}{s-\alpha_1}$ であれば，$\mathrm{Res}(\alpha_1)$ は次式である．

$$\mathrm{Res}(\alpha_1) = \frac{1}{2\pi j} \cdot \int_C F(s) \cdot e^{st} ds = \frac{1}{2\pi j} \cdot \int_C \frac{g(s)}{s-\alpha_1} \cdot e^{st} ds = g(\alpha_1) \cdot e^{\alpha_1 \cdot t}$$

すなわち，上の (d) $F(s) = \frac{\omega}{s^2+\omega^2}$ の逆変換は以下のようになる．

$$
\begin{aligned}
f(t) &= \frac{1}{2\pi j} \cdot \int_C \frac{\omega}{s^2+\omega^2} \cdot e^{st} ds = \frac{1}{2\pi j} \cdot \int_C \frac{\frac{\omega}{s+j\omega} \cdot e^{st}}{s-j\omega} ds + \frac{1}{2\pi j} \cdot \int_C \frac{\frac{\omega}{s-j\omega} \cdot e^{st}}{s+j\omega} ds \\
&= \mathrm{Res}(j\omega) + \mathrm{Res}(-j\omega) = \lim_{s \to j\omega} \frac{\omega}{s+j\omega} \cdot e^{st} + \lim_{s \to -j\omega} \frac{\omega}{s-j\omega} \cdot e^{st} \\
&= \frac{\omega}{j2\omega} \cdot e^{\omega t} + \frac{\omega}{-j2\omega} \cdot e^{-\omega t} = \frac{e^{\omega t} - e^{-\omega t}}{2j} = \sin(\omega t)
\end{aligned}
$$

また，$F(s) = \frac{g(s)}{(s-\alpha_2)^{n+1}}$ （$n+1$ 位の 極）であれば，$\mathrm{Res}(\alpha_2)$ は次式となる．

$$\mathrm{Res}(\alpha_2) = \frac{1}{2\pi j} \cdot \int_C \frac{g(s)}{(s-\alpha_2)^{n+1}} \cdot e^{st} ds = \lim_{s \to \alpha_1} \frac{1}{n!} \cdot \frac{d^n}{ds^n} \left\{ g(s) \cdot e^{st} \right\}$$

すなわち，上の (c) $F(s) = \frac{n!}{(s-a)^{n+1}}$ の逆変換の場合は以下のようになる．

$$f(t) = \mathrm{Res}(a) = \frac{1}{2\pi j} \cdot \int_C \frac{n!}{(s-a)^{n+1}} \cdot e^{st} ds = \lim_{s \to a} \frac{d^n}{ds^n} e^{st} = \lim_{s \to a} t^n \cdot e^{st} = t^n \cdot e^{at}$$

　さらに，ラプラス逆変換について，以下に例題によって説明する．

例題 A.4　ラプラス変換式 $F(s) = \frac{s-a}{(s-a)^2+\omega^2}$ に対するラプラス逆変換を行う．まず，$F(s)$ は，図 A.1 の点 $\alpha = a + j\omega$ および $\bar{\alpha} = a - j\omega$ が極であり，以下のようになる（留数 による方法）．

$$
\begin{aligned}
f(t) &= \frac{1}{2\pi j} \cdot \int_C \frac{s-a}{(s-a-j\omega)(s-a+j\omega)} \cdot e^{st} ds \qquad (= Res(\alpha) + Res(\bar{\alpha})) \\
&= \frac{1}{2\pi j} \cdot \int_C \frac{g_1(s)}{s-a-j\omega} ds + \frac{1}{2\pi j} \cdot \int_C \frac{g_2(s)}{s-a+j\omega} ds = g_1(a+j\omega) + g_2(a-j\omega) \\
&= \frac{(a+j\omega)-a}{(a+j\omega)-a+j\omega} \cdot e^{(a+j\omega)t} + \frac{(a-j\omega)-a}{(a-j\omega)-a-j\omega} \cdot e^{(a-j\omega)t} \\
&= e^{at} \cdot \frac{e^{j\omega t} + e^{-j\omega t}}{2} = e^{at} \cdot \cos(\omega t)
\end{aligned}
$$

ここで，$g_1(s)$ および $g_2(s)$ は次式である．

$$g_1(s) = \frac{s-a}{s-a+j\omega} \cdot e^{st}, \qquad g_2(s) = \frac{s-a}{s-a-j\omega} \cdot e^{st}$$

また，次の方法（部分分数法 という）によっても同じ結果を得る．

$$
\begin{aligned}
f(t) &= \frac{1}{2\pi j} \cdot \int_C \frac{s-a}{(s-a-j\omega)(s-a+j\omega)} \cdot e^{st}\,ds \\
&= \frac{1}{2\pi j} \cdot \int_C \frac{1}{2} \cdot \left(\frac{1}{s-a-j\omega} + \frac{1}{s-a+j\omega} \right) \cdot e^{st}\,ds \\
&= \frac{1}{2} \cdot \left\{ e^{(a+j\omega)t} + e^{(a-j\omega)t} \right\} = e^{at} \cdot \frac{e^{j\omega t} + e^{-j\omega t}}{2} = e^{at} \cdot \cos(\omega t)
\end{aligned}
$$

A.4　微積分方程式の解法

微積分方程式 を直接解くことは一般に困難である．そこで，ラプラス変換を行い，和・積で表される複素関数を求め，逆変換によって解を求めることができる．例えば，次に示す微積分方程式を解いてみる．

$$
E \cdot e^{j\omega t} = a \cdot f(t) + b \cdot \frac{d}{dt}f(t) + c \cdot \int_0^t f(\tau)\,d\tau \quad (= v(t))
$$

これをラプラス変換すると次式となる．

$$
\begin{aligned}
\frac{E}{s-j\omega} &= a \cdot F(s) + b \cdot \{s \cdot F(s) - f(0)\} + \frac{c}{s} \cdot F(s) \qquad \rightarrow \\
F(s) &= \left\{ \frac{E}{s-j\omega} + b \cdot f(0) \right\} \cdot \frac{1}{a+b \cdot s + \frac{c}{s}} = \left\{ \frac{E}{s-j\omega} + b \cdot f(0) \right\} \cdot H(s) \\
&= \frac{E \cdot s}{b \cdot (s-j\omega)(s-x_1)(s-x_2)} + \frac{f(0) \cdot s}{(s-x_1)(s-x_2)}
\end{aligned}
$$

ここで，x_1，x_2 は $b \cdot x^2 + a \cdot x + c = 0$ の根であり，次式である．

$$
x_1,\ x_2 = -\frac{a}{2b} \pm \sqrt{\left(\frac{a}{2b}\right)^2 - \frac{c}{b}}
$$

$x_1 \neq x_2$（2 実根，または 2 個の複素数）の場合，ラプラス逆変換は次式となる．

$$
\begin{aligned}
f(t) &= \frac{1}{2\pi j} \cdot \int_C F(s) \cdot e^{st}\,ds \\
&= \frac{1}{2\pi j} \cdot \int_C \frac{E \cdot s}{b \cdot (s-j\omega)(s-x_1)(s-x_2)} \cdot e^{st}\,ds + \frac{1}{2\pi j} \cdot \int_C \frac{f(0) \cdot s}{(s-x_1)(s-x_2)} \cdot e^{st}\,ds \\
&= \frac{E \cdot j\omega}{b \cdot (j\omega-x_1)(j\omega-x_2)} \cdot e^{j\omega t} + \frac{E \cdot x_1}{b \cdot (x_1-j\omega)(x_1-x_2)} \cdot e^{x_1 t} \\
&\quad + \frac{E \cdot x_2}{b \cdot (x_2-j\omega)(x_2-x_1)} \cdot e^{x_2 t} + \frac{f(0) \cdot x_1}{x_1-x_2} \cdot e^{x_1 t} + \frac{f(0) \cdot x_2}{x_2-x_1} \cdot e^{x_2 t} \\
&= \frac{E}{a+j\omega b + \frac{c}{j\omega}} \cdot e^{j\omega t} + \frac{E}{\sqrt{a^2-4bc}} \cdot \left(\frac{x_1}{x_1-j\omega} \cdot e^{x_1 t} - \frac{x_2}{x_2-j\omega} \cdot e^{x_2 t} \right) \\
&\quad + \frac{b \cdot f(0)}{\sqrt{a^2-4bc}} \cdot (x_1 \cdot e^{x_1 t} - x_2 \cdot e^{x_2 t})
\end{aligned}
$$

また，$x_1 = x_2 = -\frac{a}{2b}$（重根）の場合，ラプラス逆変換は次式となる．

$$
\begin{aligned}
f(t) &= \frac{1}{2\pi j} \cdot \int_C F(s) \cdot e^{st}\,ds \\
&= \frac{1}{2\pi j} \cdot \int_C \frac{E \cdot s}{b\,(s - j\omega)(s - x_1)^2} \cdot e^{st}\,ds + \frac{1}{2\pi j} \cdot \int_C \frac{f(0) \cdot s}{(s - x_1)^2} \cdot e^{st}\,ds \\
&= \frac{E}{a + j\omega b + \frac{c}{j\omega}} \cdot e^{j\omega t} + \frac{E \cdot (x_1^2 t - j\omega - j\omega x_1 t)}{b\,(x_1 - j\omega)^2} \cdot e^{x_1 t} + f(0) \cdot (1 + x_1 t) \cdot e^{x_1 t}
\end{aligned}
$$

ここで，初期状態が $f(0) = 0$ であれば次式となる．

$$
f(t) = \frac{E}{a + j\omega b + \frac{c}{j\omega}} \cdot e^{j\omega t} + \frac{E}{\sqrt{a^2 - 4bc}} \cdot \left(\frac{x_1 \cdot e^{x_1 t}}{x_1 - j\omega} - \frac{x_2 \cdot e^{x_2 t}}{x_2 - j\omega} \right) \qquad (x_1 \neq x_2)
$$

$$
f(t) = \frac{E}{a + j\omega b + \frac{c}{j\omega}} \cdot e^{j\omega t} + \frac{E \cdot (x_1^2 t - j\omega - j\omega t x_1)}{b\,(x_1 - j\omega)^2} \cdot e^{x_1 t} \qquad (x_1 = x_2)
$$

また，x_1 および x_2 の実数部が負である場合，定常状態（$t \to \infty$）では次式となる．

$$
f(t) = \frac{E}{a + j\omega b + \frac{c}{j\omega}} \cdot e^{j\omega t} = v(t) \cdot H(j\omega)
$$

A.5 $z-$変換・逆変換

コンピュータの普及に伴い，入力信号を一定時間毎（サンプリング時間 という）に AD 変換を行い，コンピュータでフーリエ変換やフィルタなどの処理を行って，再び DA 変換によって出力信号を得る方法が取られるようになった．いま，信号 $f(t)$ を一定時間 τ 毎の信号列 a_n（時系列データ または 離散データ という）とすると，$f(t)$ のラプラス変換式は次式のようになる．

$$
\begin{aligned}
F(s) &= \int_0^\infty f(t) \cdot e^{-st}\,dt = \sum_{n=0}^\infty (\tau \cdot a_n) \cdot e^{-sn\tau} = \tau \cdot \sum_{n=0}^\infty a_n \cdot z^n \\
&= \tau \cdot (a_0 + a_1 \cdot z + a_2 \cdot z^2 + \cdots a_n \cdot z^n + \cdots) = \tau \cdot X(z)
\end{aligned}
$$

ここで，$z = e^{-s\tau}$（複素関数論、電気回路や自動制御などの専門書では $z = e^{s\tau}$）であり，上式が収束するような任意の複素数である．この収束条件は一般に $1 \geq |Re(z)|$ である．上式の $X(z)$ を $z-$変換 という．さらに，逆変換 は，ラプラス逆変換から次の複素積分となる．

$$
\begin{aligned}
f(n\tau) &= \frac{1}{2\pi j} \cdot \int_C f(s) \cdot e^{sn\tau}\,ds = \frac{1}{2\pi j} \cdot \int_C \{\tau \cdot X(z)\} \cdot z^{-n} \left(-\frac{dz}{\tau \cdot z} \right) \\
&= -\frac{1}{2\pi j} \cdot \int_C X(z) \cdot z^{-n-1}\,dz \qquad (= a_n)
\end{aligned}
$$

いくつかの例題によって，$z-$変換・逆変換を説明する．

例題 A.5 $f(t) = c t$ の場合，一定時間 τ 毎の時系列データ $a_n = f(n\tau) = c n \tau$ における $z-$変換・逆変換は，それぞれ次式となる.

$$
\begin{aligned}
X(z) &= \sum_{n=0}^{\infty} a_n \cdot z^n = c\tau z \cdot \sum_{n=0}^{\infty} n \cdot z^{n-1} = \frac{c\tau z}{(1-z)^2} \\
a_n &= -\frac{1}{2\pi j} \int_C X(z) \cdot z^{-n-1} dz = -\frac{1}{2\pi j} \int_C \frac{c\tau}{(z-1)^2} \cdot z^{-n} dz = c n \tau
\end{aligned}
$$

例題 A.6 $f(t) = e^{-ct}$ の場合，一定時間 τ 毎の時系列データ $a_n = f(n\tau) = e^{-cn\tau}$ における $z-$変換・逆変換は，それぞれ次式となる.

$$
\begin{aligned}
X(z) &= \sum_{n=0}^{\infty} a_n \cdot z^n = \sum_{n=0}^{\infty} e^{-cn\tau} \cdot z^n = \sum_{n=0}^{\infty} \left(z \cdot e^{-c\tau} \right)^n = \frac{1}{1 - z \cdot e^{-c\tau}} \\
a_n &= -\frac{1}{2\pi j} \cdot \int_C X(z) \cdot z^{-n-1} dz = -\frac{1}{2\pi j} \cdot \int_C \frac{1}{1 - z \cdot e^{-c\tau}} \cdot z^{-n-1} dz \\
&= \frac{1}{2\pi j} \cdot \int_C \frac{e^{c\tau}}{z - e^{c\tau}} \cdot z^{-n-1} dz = e^{c\tau} \cdot (e^{c\tau})^{-n-1} = e^{-cn\tau}
\end{aligned}
$$

例題 A.7 周期関数 $f(t) = \cos(\omega t)$ の場合の $z-$変換・逆変換は次式となる.

$$
\begin{aligned}
X(z) &= \sum_{n=0}^{\infty} a_n \cdot z^n = \sum_{n=0}^{\infty} \cos(n\omega\tau) \cdot z^n = \sum_{n=0}^{\infty} \frac{1}{2} \cdot \left(e^{jn\omega\tau} + e^{-jn\omega\tau} \right) \cdot z^n \\
&= \frac{1}{2} \cdot \left(\frac{1}{1 - z \cdot e^{j\omega\tau}} + \frac{1}{1 - z \cdot e^{-j\omega\tau}} \right) = \frac{1 - z \cdot \cos(\omega\tau)}{1 + z^2 - 2z \cdot \cos(\omega\tau)} \\
a_n &= -\frac{1}{2\pi j} \int_C X(z) \cdot z^{-n-1} dz \\
&= -\frac{1}{2\pi j} \int_C \frac{1}{2} \cdot \left(\frac{1}{1 - z \cdot e^{j\omega\tau}} + \frac{1}{1 - z \cdot e^{-j\omega\tau}} \right) \cdot z^{-n-1} dz \\
&= \frac{1}{2\pi j} \int_C \frac{1}{2} \cdot \left(\frac{e^{-j\omega\tau}}{z - e^{-j\omega\tau}} + \frac{e^{j\omega\tau}}{z - e^{j\omega\tau}} \right) \cdot z^{-n-1} dz \\
&= \frac{1}{2} \cdot e^{-j\omega\tau} \cdot \left(e^{-j\omega\tau} \right)^{-n-1} + \frac{1}{2} \cdot e^{j\omega\tau} \cdot \left(e^{j\omega\tau} \right)^{-n-1} \\
&= \frac{1}{2} \cdot \left(e^{-jn\omega\tau} + e^{jn\omega\tau} \right) = \cos(n\omega\tau)
\end{aligned}
$$

付録 B　練習問題解答

第 1 章

問 1.1

$$\sqrt{j} = \sqrt{e^{2n\pi+\frac{\pi}{2}}} = e^{n\pi+\frac{\pi}{4}} = \frac{\sqrt{2}}{2} + j\,\frac{\sqrt{2}}{2}, \;\; or \; -\frac{\sqrt{2}}{2} - j\,\frac{\sqrt{2}}{2}$$

$$\sqrt{-j} = \sqrt{e^{2n\pi+\frac{3\pi}{2}}} = e^{n\pi+\frac{3\pi}{4}} = -\frac{\sqrt{2}}{2} + j\,\frac{\sqrt{2}}{2}, \;\; or \; \frac{\sqrt{2}}{2} - j\,\frac{\sqrt{2}}{2}$$

$$e^{j\beta} = \cos\beta + j\,\sin\beta \qquad |e^{\alpha+j\beta}| = e^{\alpha}$$

$$\log_e(-1) = \log_e\{e^{j(2n+1)\pi}\} = j\,(2n+1)\,\pi$$

$$\log_e(j) = \log_e\{e^{j(2n+\frac{1}{2})\pi}\} = j\left(2n+\frac{1}{2}\right)\pi$$

$$\sin(j\,\beta) = j\,\sinh(\beta) \qquad \cos(j\,\beta) = \cosh(\beta)$$

$$\cosh(\alpha+j\,\beta) = \cosh(\alpha)\cdot\cos(\beta) + j\,\sinh(\alpha)\cdot\sin(\beta)$$

$$\sinh(\alpha+j\,\beta) = \sinh(\alpha)\cdot\cos(\beta) + j\,\cosh(\alpha)\cdot\sin(\beta)$$

$$\cos(\alpha+j\,\beta) = \cos(\alpha)\cdot\cosh(\beta) - j\,\sin(\alpha)\cdot\sinh(\beta)$$

$$\sin(\alpha+j\,\beta) = \sin(\alpha)\cdot\cosh(\beta) + j\,\cos(\alpha)\cdot\sinh(\beta)$$

$$\{\cosh(\alpha)\}^2 - \{(\sinh(\alpha)\}^2 = \left(\frac{e^{\alpha}+e^{-\alpha}}{2}\right)^2 - \left(\frac{e^{\alpha}-e^{-\alpha}}{2}\right)^2$$

$$= \frac{e^{2\alpha}+2+e^{-2\alpha}}{4} - \frac{e^{2\alpha}+2+e^{-2\alpha}}{4} = 1$$

$$\{\cos(\alpha)\}^2 = \frac{1+\cos(2\,\alpha)}{2} \qquad \{\sin(\alpha)\}^2 = \frac{1-\cos(2\,\alpha)}{2}$$

$$\{\cosh(\alpha)\}^2 = \frac{1+\cosh(2\,\alpha)}{2} \qquad \{\sinh(\alpha)\}^2 = \frac{\cosh(2\,\alpha)-1}{2}$$

問 1.2　　(1)　$V = \frac{Q}{C}$　　　(2)　$V = -L\cdot\frac{\Delta i}{\Delta t}$　　　(3)　$H = \frac{I}{2\pi r}$

　　　　　(4)　$E = \frac{q}{2\pi r}$　　　(5)　$E = \frac{Q}{4\pi r^2}$

問 1.3　　3 次元直交座標上のベクトル $A(A_x, A_y, A_z)$ において，$\nabla \times A$ は ローテーション

（または Curl ）といい，以下のように計算される．

$$\nabla \times A = \begin{vmatrix} i_x & i_y & i_z \\ \frac{\partial}{\partial x} & \frac{\partial}{\partial y} & \frac{\partial}{\partial z} \\ A_x & A_y & A_z \end{vmatrix}$$

$$= i_x \cdot \left(\frac{\partial}{\partial y} A_z - \frac{d}{dz} A_y \right) + i_y \cdot \left(\frac{\partial}{\partial z} A_x - \frac{\partial}{\partial x} A_z \right) + i_z \cdot \left(\frac{\partial}{\partial x} A_y - \frac{\partial}{\partial y} A_x \right)$$

ここで，i_x, i_y, i_z はそれぞれ x 軸，y 軸，z 軸の単位ベクトルである．さらに，$\nabla \times \nabla \times A$ は以下のようになる．

$$\nabla \times \nabla \times A = i_x \cdot \left\{ \left(\frac{\partial^2}{\partial y \partial x} A_y - \frac{\partial^2}{\partial y^2} A_x \right) - \left(\frac{\partial^2}{\partial z^2} A_x - \frac{\partial^2}{\partial z \partial x} A_z \right) \right\}$$

$$+ i_y \cdot \left\{ \left(\frac{\partial^2}{\partial z \partial y} A_z - \frac{\partial^2}{\partial z^2} A_y \right) - \left(\frac{\partial^2}{\partial x^2} A_y - \frac{\partial^2}{\partial x \partial y} A_x \right) \right\}$$

$$+ i_z \cdot \left\{ \left(\frac{\partial^2}{\partial x \partial z} A_x - \frac{\partial^2}{\partial x^2} A_z \right) - \left(\frac{\partial^2}{\partial y^2} A_z - \frac{\partial^2}{\partial y \partial z} A_y \right) \right\}$$

$$= - i_x \cdot \left(\frac{\partial^2}{\partial y^2} A_x + \frac{\partial^2}{\partial z^2} A_x \right) - i_y \cdot \left(\frac{\partial^2}{\partial z^2} A_y + \frac{\partial^2}{\partial x^2} A_y \right) - i_z \cdot \left(\frac{\partial^2}{\partial x^2} A_z + \frac{\partial^2}{\partial y^2} A_z \right)$$

$$+ i_x \cdot \left(\frac{\partial^2}{\partial y \partial x} A_y + \frac{\partial^2}{\partial z \partial x} A_z \right) + i_y \cdot \left(\frac{\partial^2}{\partial z \partial y} A_z + \frac{\partial^2}{\partial x \partial y} A_x \right)$$

$$+ i_z \cdot \left(\frac{\partial^2}{\partial x \partial z} A_x + \frac{\partial^2}{\partial y \partial z} A_y \right)$$

$$= - i_x \cdot \left(\frac{\partial^2}{\partial x^2} A_x + \frac{\partial^2}{\partial y^2} A_x + \frac{\partial^2}{\partial z^2} A_x \right) - i_y \cdot \left(\frac{\partial^2}{\partial x^2} A_y + \frac{\partial^2}{\partial y^2} A_y + \frac{\partial^2}{\partial z^2} A_y \right)$$

$$- i_z \cdot \left(\frac{\partial^2}{\partial x^2} A_z + \frac{\partial^2}{\partial y^2} A_z + \frac{\partial^2}{\partial z^2} A_z \right) + i_x \cdot \frac{\partial}{\partial x} \left(\frac{\partial}{\partial x} A_x + \frac{\partial}{\partial y} A_y + \frac{\partial}{\partial x} A_z \right)$$

$$+ i_y \cdot \frac{\partial}{\partial y} \left(\frac{\partial}{\partial x} A_x + \frac{\partial}{\partial y} A_y + \frac{\partial}{\partial z} A_z \right) + i_z \cdot \frac{\partial}{\partial z} \left(\frac{\partial}{\partial x} A_x + \frac{\partial}{\partial y} A_y + \frac{\partial}{\partial z} A_z \right)$$

$$= - \nabla^2 A + \nabla \nabla \cdot A$$

第 2 章

問 2.1

$$g(t) = \frac{R^3}{\left\{ R^2 - \frac{5}{(\omega C)^2} \right\} \cdot R + \frac{1}{j \omega C} \cdot \left\{ 6 R^2 - \frac{1}{(\omega C)^2} \right\}} \cdot f(t)$$

$$6 R^2 = \frac{1}{(\omega C)^2} \qquad \rightarrow \qquad \omega = \frac{1}{\sqrt{6} C R} \qquad 角周波数$$

$$g(t) = \frac{R^2}{R^2 - \frac{5}{(\omega C)^2}} \cdot f(t) = \frac{R^2}{R^2 - 5 \times 6 R^2} \cdot f(t) = - \frac{1}{29} \cdot f(t)$$

問 2.2

$$g(t) = \frac{\frac{1}{(\omega C)^2} \cdot j \frac{1}{\omega C}}{\left\{ R^2 - \frac{6}{(\omega C)^2} \right\} \cdot R - j \frac{1}{\omega C} \cdot \left\{ 5 R^2 - \frac{1}{(\omega C)^2} \right\}} \cdot f(t)$$

$$R^2 = \frac{6}{(\omega\,C)^2} \qquad \rightarrow \qquad \omega = \frac{\sqrt{6}}{CR} \qquad \text{角周波数}$$

$$g(t) = \frac{\frac{1}{(\omega\,C)^2}}{-\left\{5\,R^2 - \frac{1}{(\omega\,C)^2}\right\}} \cdot f(t) = \frac{\frac{R^2}{6}}{-\left\{5\,R^2 - \frac{R^2}{6}\right\}} \cdot f(t) = -\frac{1}{29} \cdot f(t)$$

問 2.3　まず，離散データの関係式は以下のようになる．

$$
\begin{aligned}
y_n &= K_1 \cdot x_n + K_2 \cdot x_{n-1} + K_3 \cdot y_{n-1} \qquad \rightarrow \\
Y(z) &= K_1 \cdot X(z) + K_2 \cdot z \cdot X(z) + K_3 \cdot z \cdot Y(z) \qquad \rightarrow \\
Y(z) &= \frac{K_1 + K_2 \cdot z}{1 - k_3 \cdot z} \cdot X(z) \qquad \rightarrow \qquad H(z) = \frac{K_1 + K_2 \cdot z}{1 - K_3 \cdot z}
\end{aligned}
$$

従って，本文図 2.7 の 1 段の構成となる．この場合，$a_0 = K_1$, $a_1 = K_2$, $b_1 = K_3$ である．

問 2.4　　$i_1 = g_{11} \cdot v_1 + g_{12} \cdot v_2$, 　$i_2 = g_{21} \cdot v_1 + g_{22} \cdot v_2$

ここで，$g_{11} = \frac{i_1}{v_1}$, 　$g_{12} = \frac{i_1}{v_2}$, 　$g_{21} = \frac{i_2}{v_1}$, 　$g_{22} = \frac{i_2}{v_2}$ （アドミタンス）であり，単位は　Ω^{-1}（Mho，モー）である．

問 2.5　　$v_1 = z_{11} \cdot i_1 + z_{12} \cdot i_2$, 　$v_2 = z_{21} \cdot i_1 + z_{22} \cdot i_2$　　は

$$i_2 = \frac{1}{z_{22}} \cdot v_2 - \frac{z_{21}}{z_{22}} \cdot i_1, \quad v_1 = z_{11} \cdot i_1 + z_{12} \cdot i_2 = \frac{z_{12}}{z_{22}} \cdot v_2 + \left(z_{11} - \frac{z_{12} \cdot z_{21}}{z_{22}}\right) \cdot i_1$$

と変形できる．従って，

$$h_{11} = z_{11} - \frac{z_{12} \cdot z_{21}}{z_{22}}, \quad h_{12} = \frac{z_{12}}{z_{22}}, \quad h_{21} = -\frac{z_{21}}{z_{22}}, \quad h_{22} = \frac{1}{z_{22}}$$

となる．

第 3 章

問 3.1　まず，特性インピーダンスはそれぞれ以下のようになる．

$$Z_0 = \frac{Z_1}{2} + \sqrt{Z_1\,Z_2 + \frac{Z_1^2}{4}} = \lim_{dx \to 0}\left\{\frac{Z\,dx}{2} + \sqrt{\frac{Z\,dx}{Y\,dx} + \frac{(Z\,dx)^2}{4}}\right\} = \sqrt{\frac{Z}{Y}} \quad (\text{図}\,2.5)$$

$$Z_0 = \sqrt{Z_1\,Z_2 + \frac{Z_1^2}{4}} - \frac{Z_1}{2} = \lim_{dx \to 0}\left\{\sqrt{\frac{Z\,dx}{Y\,dx} + \frac{(Z\,dx)^2}{4}} - \frac{Z\,dx}{2}\right\} = \sqrt{\frac{Z}{Y}} \quad (\text{図}\,2.6)$$

　　　他についても同様の結果となる．

問 3.2

$$
\begin{aligned}
(\alpha + j\,\beta)^2 &= \alpha^2 - \beta^2 + j\,2\,\alpha\,\beta = (RG - \omega^2\,LC) + j\,\omega\,(GL + RC) \\
&\rightarrow \alpha^2 - \beta^2 = (RG - \omega^2\,LC), \quad 2\,\alpha\,\beta = \omega\,(GL + RC) \\
&\rightarrow 4\,\alpha^4 - 4\,\alpha^2\,\beta^2 = 4\,\alpha^4 - \omega^2\,(GL + RC)^2 = 4\,(RG - \omega^2\,LC)\,\alpha^2
\end{aligned}
$$

$$\rightarrow \quad \alpha^2 = \frac{(RG - \omega^2 LC) + \sqrt{(RG - \omega^2 LC)^2 + \omega^2 (GL + RC)^2}}{2}$$

$$\rightarrow \quad \beta^2 = \alpha^2 - (RG - \omega^2 LC)$$

$$= \frac{(\omega^2 LC - RG) + \sqrt{(RG - \omega^2 LC)^2 + \omega^2 (GL + RC)^2}}{2}$$

　　　従って，本文の α，β が得られる.

問 3.3　まず，$x \approx 0$ において $log_e(1 + x) \approx x$ で近似できる. 従って，

$$\alpha = \frac{1}{2 \times 20} \cdot \log_e \frac{4.8}{4.4} \approx \frac{1}{40} \cdot \frac{4}{44} = \frac{1}{440} \approx 0.0023$$

$$v = \frac{2l}{\tau} = \frac{2 \times 20}{2 \times 10^{-7}} = 2 \times 10^8 \qquad [m/sec]$$

これから各値は以下のようになる.

$$R = \alpha \cdot Z_0 \approx 0.0023 \times 50 = 0.115 \qquad\qquad\qquad [\Omega/m]$$

$$G = \frac{\alpha}{Z_0} \approx \frac{0.0023}{50} = 0.000046 \qquad\qquad\qquad [\Omega^{-1}/m]$$

$$L = \frac{Z_0}{v} \approx \frac{50}{2 \times 10^8} = 2.5 \times 10^{-7} = 0.25 \qquad\qquad [\mu H/m]$$

$$C = \frac{1}{v \cdot Z_0} \approx \frac{1}{2 \times 10^8 \times 50} = 1 \times 10^{-10} = 100 \qquad [pF/m]$$

$$k = \frac{v}{c} = \frac{2}{3}$$

問 3.4

$$Z_0 = \frac{1}{\pi} \cdot \sqrt{\frac{\mu}{\epsilon}} \cdot \log_e \frac{d - a}{a} \approx \frac{1}{\pi} \cdot 120\,\pi \cdot \log_e 2 \approx 120 \cdot 0.301 = 36.12 \quad [\Omega]$$

問 3.5

$$Z_0 = \frac{1}{2\,\pi} \cdot \sqrt{\frac{\mu}{\varepsilon}} \cdot \log_e \frac{b}{a} \approx \frac{1}{2\,\pi} \cdot 120\,\pi \cdot \log_e \frac{b}{a} = 75 \quad [\Omega]$$

$$\rightarrow \quad \log_e \frac{b}{a} \approx \frac{75}{60} = 1.25 \quad \rightarrow \quad \frac{b}{a} \approx e^{1.25} \approx 3.51 \quad \rightarrow \quad b \approx 3.51 \times a$$

問 3.6

$$\lambda' = k \cdot \frac{c}{f} = k \cdot \frac{3 \times 10^8}{10^8} = k \cdot 3 = 2 \quad [m]$$

$$v = f \times \lambda' = 2 \times 10^8 \quad [m/sec]$$

問 3.7　銅，鉄，鉛（はんだ）などの金属が，長い間経過すると，その金属がひげ状の結晶
として成長する. これを猫のひげ という. このひげ状の結晶によって，同軸ケーブル（特に，
海底ケーブル）の内心と外導体が短絡して通信ができない状態が起こる. また，通信機器等

において，基板上の銅や鉛がこの猫のひげが成長して，配線が短絡し，通信機器の故障となる．

第 4 章

問 4.1

$$
\begin{aligned}
\frac{d^2 H_y}{dz^2} &= j\,\omega\,\varepsilon \cdot \frac{dE_x}{dz} = j\,\omega\,\varepsilon \cdot (j\,\omega\,\mu \cdot H_y) = -\omega^2\,\varepsilon\,\mu \cdot H_y \\
&\rightarrow \quad \frac{d^2 H_y}{dz^2} + \omega^2\,\varepsilon\,\mu \cdot H_y = 0 \quad \rightarrow \quad H_y = A \cdot e^{j\,\gamma\,z} + B \cdot e^{-j\,\gamma\,z} \qquad \gamma = \omega\,\sqrt{\varepsilon\mu}
\end{aligned}
$$

$z = 0$ において $E_x = 0$ から

$$
\begin{aligned}
B &= -A \qquad \rightarrow \qquad H_y = A \cdot (e^{j\,\gamma\,z} - e^{-j\,\gamma\,z}) \\
E_x &= \frac{1}{j\,\omega\,\varepsilon} \cdot \frac{dH_y}{dz} = \frac{1}{j\,\omega\,\varepsilon} \cdot A \cdot (j\,\gamma \cdot e^{j\,\gamma\,z} + j\,\gamma \cdot e^{-j\,\gamma\,z}) = A \cdot \sqrt{\frac{\mu}{\varepsilon}} \cdot (e^{j\,\gamma\,z} + e^{-j\,\gamma\,z})
\end{aligned}
$$

問 4.2

$$
\begin{aligned}
\frac{dH_z}{dy} + \gamma \cdot H_y &= j\,\omega\,\epsilon \cdot E_x, & -\gamma \cdot H_x - \frac{dH_z}{dx} &= j\,\omega\,\epsilon \cdot E_y, \\
\frac{dH_y}{dx} - \frac{dH_x}{dy} &= 0, & \gamma \cdot E_y &= -j\,\omega\,\mu \cdot H_x, \\
-\gamma \cdot E_x &= -j\,\omega\,\mu \cdot H_y, & \frac{dE_y}{dx} - \frac{dE_x}{dy} &= -j\,\omega\,\mu \cdot H_z
\end{aligned}
$$

これから次式を得る．

$$
\begin{aligned}
\frac{dH_y}{dx} - \frac{dH_x}{dy} &= \frac{\gamma}{j\omega\mu} \cdot \frac{dE_x}{dx} + \frac{\gamma}{j\omega\mu} \cdot \frac{dE_y}{dy} = \frac{\gamma}{j\,\omega\,\mu} \cdot \left(\frac{dE_x}{dx} + \frac{dE_y}{dy} \right) = 0 \\
\frac{dH_x}{dx} + \frac{dH_y}{dy} &= -\frac{\gamma}{j\,\omega\,\mu} \cdot \frac{dE_y}{dx} + \frac{\gamma}{j\,\omega\,\mu} \cdot \frac{dE_x}{dy} = -\frac{\gamma}{j\,\omega\,\mu} \cdot \left(\frac{dE_y}{dx} - \frac{dE_x}{dy} \right) = \gamma \cdot H_z \\
\frac{dE_y}{dx} - \frac{dE_x}{dy} &= -\frac{\gamma}{j\,\omega\,\varepsilon} \cdot \frac{dH_x}{dx} - \frac{1}{j\,\omega\,\varepsilon} \cdot \frac{d^2 H_z}{dx^2} - \frac{1}{j\,\omega\,\varepsilon} \cdot \frac{d^2 H_z}{dy^2} - \frac{\gamma}{j\,\omega\,\varepsilon} \cdot \frac{dH_y}{dy} \\
&= -\frac{\gamma}{j\,\omega\,\varepsilon} \cdot \left(\frac{dH_x}{dx} + \frac{dH_y}{dy} \right) - \frac{1}{j\,\omega\,\varepsilon} \cdot \left(\frac{d^2 H_z}{dx^2} + \frac{d^2 H_z}{dy^2} \right) \\
&= -\frac{1}{j\,\omega\,\varepsilon} \cdot \left(\frac{d^2 H_z}{dx^2} + \frac{d^2 H_z}{dy^2} + \gamma^2 \right) = -j\,\omega\,\mu \cdot H_z \\
&\rightarrow \quad \frac{d^2 H_z}{dx^2} + \frac{d^2 H_z}{dy^2} = -(\gamma^2 + \omega^2\,\varepsilon\,\mu) \cdot H_z
\end{aligned}
$$

同様に

$$
\begin{aligned}
x = 0, \quad x = a, \quad E_y &= 0 \quad \rightarrow \quad H_x = 0 \\
y = 0, \quad y = b, \quad E_x &= 0 \quad \rightarrow \quad H_y = 0 \\
H_z &= H_0 \cdot \sin\left(\frac{m\,\pi\,x}{a} \right) \cdot \sin\left(\frac{n\,\pi\,y}{b} \right) \cdot e^{-\gamma\,x} \cdot e^{j\,\omega\,t}
\end{aligned}
$$

問 4.3

$$
\begin{aligned}
E_z &= E_0 \cdot J_0(r\,D) \cdot e^{-\gamma z} \cdot e^{j\,\omega\,t} \\
E_r &= -\frac{\gamma}{D} \cdot E_0 \cdot J_0'(r\,D) \cdot e^{-\gamma z} \cdot e^{j\,\omega\,t} \\
H_\phi &= -j\,\frac{\omega\,\mu}{D} \cdot E_0 \cdot J_0(r\,D) \cdot e^{-\gamma z} \cdot e^{j\,\omega\,t} \\
E_\phi &= 0 \qquad H_r = 0 \qquad H_z = 0
\end{aligned}
$$

問 4.4

(1)　図 4.3 の (a) (b) である．(b) の場合 $\lambda = 300\,[m]$ であるため，地上から $75\,[m]$ の垂直アンテナとなる．

(2)　図 4.3 の (c) のダイポールアンテナである．$\lambda = \frac{300}{21} \approx 14.3\,[m]$ であるため，約 $7.1\,[m]$ のダイポールアンテナとなる．

(3)　図 4.3 の (c) のダイポールアンテナ（UHF アンテナ）である．$\lambda = \frac{300}{600} = 0.5\,[m]$ であるため，$25\,[cm]$ のダイポールアンテナとなる．なお，受信用アンテナでは，図 4.4 (b) に示す八木・宇田アンテナにおいて，導波器の多いアンテナが用いられる．

(4)　パラボラアンテナ（BS 用アンテナ）

問 4.5　プログラムは省略する．計算結果を下図に示す．

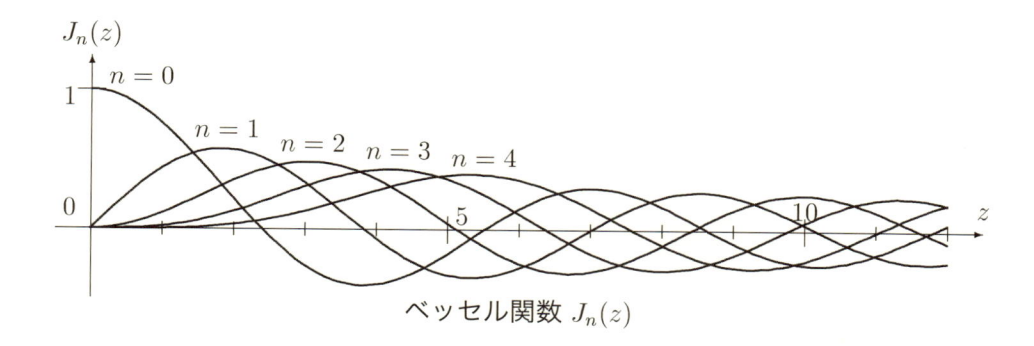

ベッセル関数 $J_n(z)$

第 5 章

問 5.1

$$
\begin{aligned}
A_0 &= \frac{1}{T} \cdot \int_{-\frac{\tau}{2}}^{0} \left(2\,t \cdot \frac{E}{\tau} + E \right) dt = \frac{1}{T} \cdot \left[\frac{E}{\tau} \cdot t^2 + E \cdot t \right]_{-\frac{\tau}{2}}^{0} = \frac{E\,\tau}{4\,T} \\
A_n &= \frac{2}{T} \cdot \int_{-\frac{\tau}{2}}^{0} \left(2\,t \cdot \frac{E}{\tau} + E \right) \cdot \cos\left(2\,n\,\pi\,\frac{\tau}{T} \right) dt
\end{aligned}
$$

$$= \frac{2}{T} \cdot \left[\left(2\,t \cdot \frac{E}{\tau} + E \right) \cdot \frac{\sin\left(2\,n\,\pi \frac{t}{T} \right)}{2\,n\,\pi \frac{1}{T}} \right]_{-\frac{\tau}{2}}^{0} - \frac{1}{n\,\pi} \cdot \int_{-\frac{\tau}{2}}^{0} \cdot \frac{2\,E}{\tau} \cdot \sin\left(2\,n\,\pi \frac{t}{T} \right) dt$$

$$= 0 + \frac{1}{n\,\pi} \cdot \left[\frac{2\,E}{\tau} \cdot \frac{\cos\left(2\,n\,\pi \frac{t}{T} \right)}{2\,n\,\pi \frac{1}{T}} \right]_{-\frac{\tau}{2}}^{0} = \frac{E\,\tau}{T} \cdot \frac{1 - \cos\left(n\,\pi \frac{\tau}{T} \right)}{\left(n\,\pi \frac{\tau}{T} \right)^2}$$

$$B_n = \frac{2}{T} \cdot \int_{-\frac{\tau}{2}}^{0} \left(2\,t \cdot \frac{E}{\tau} + E \right) \cdot \sin\left(2\,n\,\pi \frac{\tau}{T} \right) dt$$

$$= \frac{2}{T} \cdot \left[- \left(2\,t \cdot \frac{E}{\tau} + E \right) \cdot \frac{\cos\left(2\,n\,\pi \frac{t}{T} \right)}{2\,n\,\pi \frac{1}{T}} \right]_{-\frac{\tau}{2}}^{0} + \frac{1}{n\,\pi} \cdot \int_{-\frac{\tau}{2}}^{0} \cdot \frac{2\,E}{\tau} \cdot \cos\left(2\,n\,\pi \frac{t}{T} \right) dt$$

$$= -\frac{E}{n\,\pi} + \frac{1}{n\,\pi} \cdot \left[\frac{2\,E}{\tau} \cdot \frac{\sin\left(2\,n\,\pi \frac{t}{T} \right)}{2\,n\,\pi \frac{1}{T}} \right]_{-\frac{\tau}{2}}^{0} = -\frac{E}{n\,\pi} \cdot \left\{ 1 + \frac{\sin\left(n\,\pi \frac{\tau}{T} \right)}{n\pi \frac{\tau}{T}} \right\}$$

$$g(t) = \frac{E\,\tau}{4T} + \frac{E\,\tau}{T} \cdot \sum_{n=1}^{\infty} \frac{1 - \cos\left(n\,\pi \frac{\tau}{T} \right)}{\left(n\,\pi \frac{\tau}{T} \right)^2} \cdot \cos\left(2\,n\,\pi \frac{t}{T} \right)$$

$$- \frac{E\,\tau}{T} \cdot \sum_{n=1}^{\infty} \frac{1}{n\,\pi \frac{\tau}{T}} \cdot \left\{ 1 + \frac{\sin\left(n\,\pi \frac{\tau}{T} \right)}{n\,\pi \frac{\tau}{T}} \right\} \cdot \sin\left(2\,n\,\pi \frac{t}{T} \right)$$

問 5.2　半波整流波形の場合

$$A_0 = \frac{1}{2\pi} \cdot \int_0^{\pi} E \cdot \sin(t)\, dt = \frac{E}{2\pi} \cdot \left[-\cos t \right]_0^{\pi} = \frac{E}{\pi}$$

$$A_1 = \frac{1}{\pi} \cdot \int_0^{\pi} E \cdot \sin(t) \cdot \cos(t)\, dt = \frac{E}{2\pi} \cdot \int_0^{\pi} E \cdot \sin(2t)\, dt = \frac{E}{2\pi} \cdot \left[\frac{\cos(2t)}{2} \right]_0^{\pi} = 0$$

$$A_n = \frac{1}{\pi} \cdot \int_0^{\pi} E \cdot \sin(t) \cdot \cos(nt)\, dt = \frac{E}{2\pi} \cdot \int_0^{\pi} \left\{ \sin(n+1)t - \sin(n-1)t \right\} dt$$

$$= \frac{E}{2\pi} \cdot \left[-\frac{\cos(n+1)t}{n+1} + \frac{\cos(n-1)t}{n-1} \right]_0^{\pi} = \frac{E}{2\pi} \cdot \left\{ -\frac{\cos(n+1)\pi - 1}{n+1} + \frac{\cos(n-1)\pi - 1}{n-1} \right\}$$

$$= \frac{E}{2\pi} \cdot \left\{ \frac{1 + \cos(n\pi)}{n+1} - \frac{1 + \cos(n\pi)}{n-1} \right\} = -\frac{E}{\pi} \cdot \frac{1 + (-1)^n}{n^2 - 1} \qquad (n \geq 2)$$

$$B_1 = \frac{1}{\pi} \cdot \int_0^{\pi} E \cdot (\sin t)^2\, dt = \frac{E}{2\pi} \cdot \int_0^{\pi} E \cdot \left\{ 1 - \cos(2t) \right\} dt = \frac{E}{2\pi} \cdot \left[t - \frac{\sin(2t)}{2} \right]_0^{\pi} = \frac{E}{2}$$

$$B_n = 0 \qquad (n \geq 2)$$

$$g(t) = \frac{E}{\pi} + \frac{E}{2} \cdot \sin(t) - \frac{E}{\pi} \cdot \sum_{n=2}^{\infty} \frac{1 + (-1)^2}{n^2 - 1} \cdot \cos(nt)$$

次に，全波整流波形の場合

$$A_0 = \frac{1}{\pi} \cdot \int_0^{\pi} E \cdot \sin(t)\, dt = \frac{E}{\pi} \cdot \left[-\cos(t) \right]_0^{\pi} = \frac{2E}{\pi}$$

$$A_1 = \frac{2}{\pi} \cdot \int_0^{\pi} E \cdot \sin(t) \cdot \cos(t)\, dt = \frac{E}{\pi} \cdot \int_0^{\pi} E \cdot \sin(2t)\, dt = \frac{E}{\pi} \cdot \left[\frac{\cos(2t)}{2} \right]_0^{\pi} = 0$$

$$A_n = \frac{2}{\pi} \cdot \int_0^\pi E \cdot \sin(t) \cdot \cos(nt)\, dt = \frac{E}{\pi} \cdot \int_0^\pi \{\sin(n+1)t - \sin(n-1)t\}\, dt$$

$$= \frac{E}{\pi} \cdot \left[-\frac{\cos(n+1)t}{n+1} + \frac{\cos(n-1)t}{n-1} \right]_0^\pi = \frac{E}{\pi} \cdot \left\{ -\frac{\cos(n+1)\pi - 1}{n+1} + \frac{\cos(n-1)\pi - 1}{n-1} \right\}$$

$$= \frac{E}{\pi} \cdot \left\{ \frac{1 + \cos(n\pi)}{n+1} - \frac{1 + \cos(n\pi)}{n-1} \right\} = -\frac{2E}{\pi} \cdot \frac{1 + (-1)^n}{n^2 - 1} \qquad (n \geq 2)$$

$$B_1 = \frac{2}{\pi} \cdot \int_0^\pi E \cdot (\sin t)^2\, dt = \frac{E}{\pi} \cdot \int_0^\pi E \cdot \{1 - \cos(2t)\}\, dt = \frac{E}{\pi} \cdot \left[t - \frac{\sin(2t)}{2} \right]_0^\pi = E$$

$$B_n = 0 \qquad (n \geq 2)$$

$$g(t) = \frac{2E}{\pi} + E \cdot \sin(t) - \frac{2E}{\pi} \cdot \sum_{n=2}^\infty \frac{1 + (-1)^2}{n^2 - 1} \cdot \cos(nt)$$

問 5.3

(a) $A_0 = 1, A_n = 0\,(n = 1, 2, 3, \cdots), B_n = -\dfrac{2}{n\pi}\,(n = 1, 2, 3, \cdots)$

$$g(t) = 1 - \frac{2}{\pi} \cdot \sum_{n=1}^\infty \frac{\sin(n\pi t)}{n}$$

(b) $A_0 = \dfrac{8}{3}, A_n = -\dfrac{16}{(n\pi)^2} \cdot \cos(n\pi)\,(n = 1, 2, 3, \cdots), B_n = 0\,(n = 1, 2, 3, \cdots)$

$$g(t) = \frac{8}{3} - \frac{16}{\pi^2} \cdot \sum_{n=1}^\infty \frac{\cos(n\pi)}{n^2} \cdot \cos\left(\frac{n\pi}{2} \cdot t \right)$$

(c) $A_n = 0\,(n = 0, 1, 2, 3, \cdots), B_n = \dfrac{2}{n\pi}\,(n = 1, 3, 5, \cdots), B_n = 0\,(n = 2, 4, 6, \cdots)$

$$g(t) = \frac{2}{\pi} \cdot \sum_{k=1}^\infty \frac{\sin(2k - 1) \cdot t}{2k - 1}$$

(d) $A_0 = \dfrac{1}{2}, A_n = 0\,(n = 1, 2, 3, \cdots), B_n = \dfrac{2}{n\pi}\,(n = 1, 3, 5, \cdots), B_n = 0\,(n = 2, 4, 6, \cdots)$

$$g(t) = \frac{1}{2} + \frac{2}{\pi} \cdot \sum_{k=1}^\infty \frac{\sin((2k - 1) \cdot t)}{2k - 1}$$

問 5.4

$$\text{(a)} \quad G(f) = \frac{\sin(\pi f)}{\pi f} \qquad\qquad \text{(b)} \quad G(f) = \frac{1}{j \cdot 2\pi f + 1}$$

問 5.5 $\qquad X_0 = 5,\ X_1 = 3 + 2j,\ X_2 = -3,\ X_3 = 3 - 2j$

問 5.6 $\quad N = 4$ の場合次式となる.

$$\begin{bmatrix} X_0 \\ X_1 \\ X_2 \\ X_3 \end{bmatrix} = \begin{bmatrix} 1 & 1 & 1 & 1 \\ 1 & j & -1 & -j \\ 1 & -1 & 1 & -1 \\ 1 & -j & -1 & j \end{bmatrix} \cdot \begin{bmatrix} x_0 \\ x_1 \\ x_2 \\ x_3 \end{bmatrix} = \begin{bmatrix} (x_0 + x_2) + (x_1 + x_3) \\ (x_0 - x_2) + j \cdot (x_1 - x_3) \\ (x_0 + x_2) - (x_1 + x_3) \\ (x_0 - x_2) - j \cdot (x_1 - x_3) \end{bmatrix}$$

これに基づいて高速フーリエ変換器を構成すると下図となる.

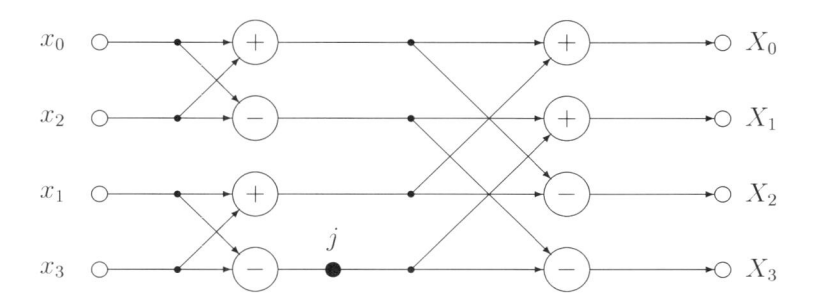

第 6 章

問 6.1

$$P_c \quad \propto \quad \frac{1}{2\pi} \cdot \int_0^{2\pi} \{E_c \cdot \cos(\theta)\}^2 d\theta = \frac{E_c^2}{2\pi} \cdot \int_0^{2\pi} \frac{1 + \cos(2\theta)}{2} d\theta = \frac{E_c^2}{2\pi} \cdot \pi = \frac{E_c^2}{2}$$

$$P_L = P_H \quad \propto \quad \frac{1}{2\pi} \cdot \int_0^{2\pi} \left\{ \frac{mE_c}{2} \cdot \cos(\theta) \right\}^2 d\theta = \frac{(mE_c)^2}{8\pi} \cdot \int_0^{2\pi} \frac{1 + \cos(2\theta)}{2} d\theta$$

$$= \frac{(mE_c)^2}{8\pi} \cdot \pi = \frac{(mE_c)^2}{8}$$

問 6.2　$f_1 = 0.5\,[kHz]$, $f_2 = 3.5\,[kHz]$, $f_3 = 4\,[kHz]$ とおく．全送信電力 P は，搬送波の送信電力 P_c と，側波帯の送信電力 P_H に電力分布の面積を乗じて，以下のようになる．

$$P \quad = \quad P_c + P_L + P_H \propto \frac{E_c^2}{2} + 2 \cdot \frac{(mE_c)^2}{8} \cdot \left\{ \frac{f_1}{2} + (f_2 - f_1) + \frac{f_3 - f_2}{2} \right\}$$

$$= \quad \frac{E_c^2}{2} + \frac{(mE_c)^2}{8} \cdot (f_2 + f_3 - f_1)$$

問 6.3　AM 変調の全送信電力 P と SSB の送信電力 P_H との比は以下のようになる．

$$\frac{P}{P_H} \quad = \quad \frac{\frac{E_c^2}{2} + \frac{(mE_c)^2}{8} \cdot (f_2 + f_3 - f_1)}{\frac{(mE_c)^2}{16} \cdot (f_2 + f_3 - f_1)} = \frac{8 + 2m^2 \cdot (f_2 + f_3 - f_1)}{m^2 \cdot (f_2 + f_3 - f_1)}$$

$$= \quad \frac{8}{m^2 \cdot (f_2 + f_3 - f_1)} + 2$$

SSB の方が，同じ送信電力で約 2 倍以上遠くに到達することになる．

問 6.4　AM 変調波を 2 乗すると以下のようになる．

$$\{f(t)\}^2 \quad = \quad \{E_c + E_s \cdot \cos(\omega_s t + \theta)\}^2 \cdot \{\cos(\omega_c t)\}^2$$

$$= \quad \left\{ E_c^2 + 2E_c \cdot E_s \cdot \cos(\omega_s t + \theta) + E_s^2 \cdot \frac{1 + \cos(2\omega_s t + 2\theta)}{2} \right\} \cdot \frac{1 + \cos(2\omega_c t)}{2}$$

$$= \quad \frac{E_c^2}{2} + E_c \cdot E_s \cdot \cos(\omega_s t + \theta) + \frac{E_s^2}{4} + \frac{E_s^2 \cdot \cos(2\omega_s t + 2\theta)}{4}$$

$$+ \frac{E_c^2 \cdot \cos(2\omega_c t)}{2} + E_c \cdot E_s \cdot \cos(\omega_s t + \theta) \cdot \cos(2\omega_c t) + \frac{E_s^2 \cdot \cos(2\omega_c t)}{4}$$

$$+ \frac{E_s^2 \cdot \cos(2\omega_s t + 2\theta) \cdot \cos(2\omega_c t)}{4}$$

低域フィルタを通ると，高周波成分 ω_c，$2\omega_c$ が取り除かれ以下のようになる．

$$\frac{E_c^2}{2} + \frac{E_s^2}{4} + E_c \cdot E_s \cdot \cos(\omega_s t + \theta) + \frac{E_s^2 \cdot \cos(2\omega_s t + 2\theta)}{4}$$

$$= \frac{E_c^2}{2} + \frac{E_s^2}{4} + E_c^2 \cdot \left\{ m \cdot \cos(\omega_s t + \theta) + \frac{m^2 \cdot \cos(2\omega_s t + 2\theta)}{4} \right\}$$

$$\approx \frac{E_c^2}{2} + \frac{E_s^2}{4} + E_c^2 \cdot m \cdot \cos(\omega_s t + \theta) \qquad \left(m = \frac{E_s}{E_c} \right)$$

ここで，$\frac{E_c^2}{2} + \frac{E_s^2}{4}$ は直流成分であり，信号波 ω_s が得られる．なお，信号波の 2 倍の周波数成分 $2\omega_s$ は変調度 $m = \frac{E_s}{E_c}$ が小さければ影響が現れないが，大きければひずみとして現れる．

第 7 章

問 7.1 $\quad m \neq n$ の場合以下のようになる．

$$A_n \cdot \cos(\omega_n \cdot t + \theta_n) \cdot \cos(\omega_m t) = A_n \cdot \cos\theta_n \cdot \frac{\cos(\omega_n + \omega_m)t + \cos(\omega_n - \omega_m)t}{2}$$

$$- A_n \cdot \sin\theta_n \cdot \frac{\sin(\omega_n + \omega_m)t + \sin(\omega_n - \omega_m)t}{2}$$

$$A_n \cdot \cos(\omega_n \cdot t + \theta_n) \cdot \sin(\omega_m t) = A_n \cdot \cos\theta_n \cdot \frac{\sin(\omega_n + \omega_m)t + \sin(\omega_n - \omega_m)t}{2}$$

$$- A_n \cdot \sin\theta_n \cdot \frac{\cos(\omega_n - \omega_m)t - \cos(\omega_n + \omega_m)t}{2}$$

これらの波 $\omega_n + \omega_m$ および $\omega_n - \omega_m$ は高周波数であるため，低域フィルタを経由すれば出力信号が出ないことになる．

問 7.2 $\quad$ まず，受信側キャリアの $\cos(\omega t + \theta)$ との合成は次式となる．

$$\{ f(t) \cdot \cos(\omega t) + g(t) \cdot \sin(\omega t) \} \cdot \cos(\omega t + \theta)$$

$$= f(t) \cdot \cos(\omega t) \cdot \cos(\omega t + \theta) + g(t) \cdot \sin(\omega t) \cdot \cos(\omega t + \theta)$$

$$= \frac{f(t)}{2} \cdot \{ \cos(2\omega t + \theta) + \cos\theta \} + \frac{g(t)}{2} \cdot \{ \sin(2\omega t + \theta) - \sin\theta \}$$

$$= \frac{f(t)}{2} \cdot \cos(2\omega t + \theta) + \frac{g(t)}{2} \cdot \sin(2\omega t + \theta) + \frac{f(t)}{2} \cdot \cos\theta - \frac{g(t)}{2} \cdot \sin\theta$$

低域フィルタを通せば，高周波成分が除去され，g_1 は次式となる．

$$g_1 = \frac{\cos\theta}{2} \cdot f(t) - \frac{\sin\theta}{2} \cdot g(t)$$

同様に，$\sin(\omega t + \theta)$ との合成は次式となる．

$$
\begin{aligned}
\{f(t) \cdot \cos(\omega t) &+ g(t) \cdot \sin(\omega t)\} \cdot \sin(\omega t + \theta) \\
&= f(t) \cdot \cos(\omega t) \cdot \sin(\omega t + \theta) + g(t) \cdot \sin(\omega t) \cdot \sin(\omega t + \theta) \\
&= \frac{f(t)}{2} \cdot \{\sin(2\omega t + \theta) + \sin\theta\} + \frac{g(t)}{2} \cdot \{\cos(2\omega t + \theta) - \cos\theta\} \\
&= \frac{f(t)}{2} \cdot \sin(2\omega t + \theta) + \frac{g(t)}{2} \cdot \cos(2\omega t + \theta) + \frac{f(t)}{2} \cdot \sin\theta - \frac{g(t)}{2} \cdot \cos\theta
\end{aligned}
$$

低域フィルタを通せば，高周波成分が除去され，g_2 は次式となる．

$$
g_2 = \frac{\sin\theta}{2} \cdot f(t) - \frac{\cos\theta}{2} \cdot g(t)
$$

問 7.3　まず，サブキャリア ω_k における g_1 について

$$
\begin{aligned}
G_1 &= \frac{2}{T} \cdot \int_0^T \left\{ \frac{\cos\theta}{2} \cdot A_k \cdot \cos(\omega_k t + \theta_k) - \frac{\sin\theta}{2} \cdot A_k \cdot \sin(\omega_k t + \theta_k) \right\} \cdot \cos(\omega_k t) \, dt \\
&= \frac{A_k \cdot \cos\theta}{T} \cdot \int_0^T \{\cos(\omega_k t) \cdot \cos\theta_k - \sin(\omega_k t) \cdot \sin\theta_k\} \cdot \cos(\omega_k t) \, dt \\
&\quad - \frac{A_k \cdot \sin\theta}{T} \cdot \int_0^T \{\sin(\omega_k t) \cdot \cos\theta_k + \cos(\omega_k t) \cdot \sin\theta_k\} \cdot \cos(\omega_k t) \, dt \\
&= \frac{A_k \cdot \cos\theta}{2} \cdot \cos\theta_k - \frac{A_k \cdot \sin\theta}{2} \cdot \sin\theta_k = \frac{A_k}{2} \cdot \cos(\theta_k + \theta) \\
G_2 &= \frac{2}{T} \cdot \int_0^T \left\{ \frac{\cos\theta}{2} \cdot A_k \cdot \cos(\omega_k t + \theta_k) - \frac{\sin\theta}{2} \cdot A_k \cdot \sin(\omega_k t + \theta_k) \right\} \cdot \sin(\omega_k t) \, dt \\
&= \frac{A_k \cdot \cos\theta}{T} \cdot \int_0^T \{\cos(\omega_k t) \cdot \cos\theta_k - \sin(\omega_k t) \cdot \sin\theta_k\} \cdot \sin(\omega_k t) \, dt \\
&\quad - \frac{A_k \cdot \sin\theta}{T} \cdot \int_0^T \{\sin(\omega_k t) \cdot \cos\theta_k + \cos(\omega_k t) \cdot \sin\theta_k\} \cdot \sin(\omega_k t) \, dt \\
&= -\frac{A_k \cdot \cos\theta}{2} \cdot \sin\theta_k - \frac{A_k \cdot \sin\theta}{2} \cdot \cos\theta_k = -\frac{A_k}{2} \cdot \sin(\theta_k + \theta)
\end{aligned}
$$

一方，g_2 については次式となる．

$$
\begin{aligned}
G_3 &= \frac{2}{T} \cdot \int_0^T \left\{ \frac{\sin\theta}{2} \cdot A_k \cdot \cos(\omega_k t + \theta_k) - \frac{\cos\theta}{2} \cdot A_k \cdot \sin(\omega_k t + \theta_k) \right\} \cdot \cos(\omega_k t) \, dt \\
&= \frac{A_k \cdot \sin\theta}{T} \cdot \int_0^T \{\cos(\omega_k t) \cdot \cos\theta_k - \sin(\omega_k t) \cdot \sin\theta_k\} \cdot \cos(\omega_k t) \, dt \\
&\quad - \frac{A_k \cdot \cos\theta}{T} \cdot \int_0^T \{\sin(\omega_k t) \cdot \cos\theta_k + \cos(\omega_k t) \cdot \sin\theta_k\} \cdot \cos(\omega_k t) \, dt \\
&= \frac{A_k \cdot \sin\theta}{2} \cdot \cos\theta_k - \frac{A_k \cdot \cos\theta}{2} \cdot \sin\theta_k = -\frac{A_k}{2} \cdot \sin(\theta_k - \theta) \\
G_4 &= \frac{2}{T} \cdot \int_0^T \left\{ \frac{\sin\theta}{2} \cdot A_k \cdot \cos(\omega_k t + \theta_k) - \frac{\cos\theta}{2} \cdot A_k \cdot \sin(\omega_k t + \theta_k) \right\} \cdot \sin(\omega_k t) \, dt \\
&= \frac{A_k \cdot \sin\theta}{T} \cdot \int_0^T \{\cos(\omega_k t) \cdot \cos\theta_k - \sin(\omega_k t) \cdot \sin\theta_k\} \cdot \sin(\omega_k t) \, dt
\end{aligned}
$$

$$-\frac{A_k \cdot \cos\theta}{T} \cdot \int_0^T \{\sin(\omega_k t) \cdot \cos\theta_k + \cos(\omega_k t) \cdot \sin\theta_k\} \cdot \sin(\omega_k t)\,dt$$

$$= -\frac{A_k \cdot \sin\theta}{2} \cdot \sin\theta_k - \frac{A_k \cdot \cos\theta}{2} \cdot \cos\theta_k = -\frac{A_k}{2} \cdot \cos(\theta_k - \theta)$$

なお，G_1，G_2 の値による $\theta_k + \theta = -\tan^{-1}\frac{G_2}{G_1}$ の座標の象限は以下のようになる.

$$G_1 > 0, G_2 < 0 \;\rightarrow\; 0 < \theta_k + \theta < \frac{\pi}{2}, \qquad G_1 < 0, G_2 < 0 \;\rightarrow\; \frac{\pi}{2} < \theta_k + \theta < \pi,$$

$$G_1 < 0, G_2 > 0 \;\rightarrow\; -\pi < \theta_k + \theta < -\frac{\pi}{2}, \qquad G_1 > 0, G_2 > 0 \;\rightarrow\; -\frac{\pi}{2} < \theta_k + \theta < 0$$

また，G_3，G_4 の値による $\theta_k - \theta = \tan^{-1}\frac{G_3}{G_4}$ の座標の象限は以下のようになる.

$$G_3 < 0, G_4 < 0 \;\rightarrow\; 0 < \theta_k - \theta < \frac{\pi}{2}, \qquad G_3 < 0, G_4 > 0 \;\rightarrow\; \frac{\pi}{2} < \theta_k - \theta < \pi,$$

$$G_3 > 0, G_4 > 0 \;\rightarrow\; -\pi < \theta_k - \theta < -\frac{\pi}{2}, \qquad G_3 > 0, G_4 < 0 \;\rightarrow\; -\frac{\pi}{2} < \theta_k - \theta < 0$$

さらに，次の関係を得る.

$$G_1 - G_4 = A_k \cdot \cos\theta \cdot \cos\theta_k \qquad G_2 + G_3 = -A_k \cdot \cos\theta \cdot \sin\theta_k$$

$$G_1 + G_4 = -A_k \cdot \sin\theta \cdot \sin\theta_k \qquad G_2 - G_3 = -A_k \cdot \sin\theta \cdot \cos\theta_k$$

$$\theta_k = \tan^{-1}\frac{G_2 + G_3}{G_4 - G_1} = \tan^{-1}\frac{G_1 + G_4}{G_2 - G_3}$$

$$\theta = \tan^{-1}\frac{G_2 - G_3}{G_4 - G_1} = \tan^{-1}\frac{G_1 + G_4}{G_2 + G_3}$$

問 7.4 転送レートは次式となる.

$$\begin{aligned}
b_r &= \frac{6 \times 108 \times 13\,[bits]}{1134\mu s} \approx 7.43\,[Mbps] \qquad (Mode1) \\
&= \frac{6 \times 216 \times 13\,[bits]}{1134\mu s} \approx 14.86\,[Mbps] \qquad (Mode2) \\
&= \frac{6 \times 432 \times 13\,[bits]}{1134\mu s} \approx 29.71\,[Mbps] \qquad (Mode3)
\end{aligned}$$

問 7.5 サブキャリア数は 1405 個（Mode 1），2805 個（Mode 2）および 5617 個（Mode 3）である．サブキャリアの最低周波数を 992[Hz] とすれば，それぞれについて以下のようになる.

$$\begin{aligned}
w_1 &= 992 + 4 \times 992 \times 1404 = 5572064 \approx 5.572 \quad [MHz] \qquad (Mode1) \\
w_2 &= 992 + 2 \times 992 \times 2804 = 5564128 \approx 5.564 \quad [MHz] \qquad (Mode2) \\
w_3 &= 992 + 1 \times 992 \times 5616 = 5572064 \approx 5.572 \quad [MHz] \qquad (Mode3)
\end{aligned}$$

問 7.6 ワンセグの場合，サブキャリア数は 432 個である．従って，以下となる.

$$w_{one} = 992 \times 432 = 428544 \approx 429 \quad [kHz]$$

第 8 章

問 8.1　まず，LC 直列接続のインピーダンスを $Z = j\omega L + \frac{1}{\omega C} = \frac{L}{j\omega} \cdot (\omega - \omega_0)(\omega + \omega_0)$ とおき，この場合の伝達関数 $H(j\omega)$ は次式となる．

$$H(j\omega) \;=\; \frac{g(t)}{f(t)} = \frac{R^2}{(Z+R)(Z+2R) - R^2} = \frac{1}{\left(\frac{Z}{R}\right)^2 + 3 \cdot \left(\frac{Z}{R}\right) + 1}$$

ここで，ω_0 はLC 共振角周波数であり，$\omega_0 = \frac{1}{\sqrt{LC}}$ である．$\omega \approx \omega_0$ から $Z \approx -j \cdot 2L \cdot (\omega - \omega_0)$ となり，これを代入すれば，伝達関数 $H(j\omega)$ および $|H(j\omega)|$ は次式となる．

$$H(j\omega) \;\approx\; \frac{1}{-j \cdot 3 \cdot \frac{2L}{R} \cdot (\omega - \omega_0) + 1} \qquad |H(j\omega)| \;\approx\; \frac{1}{\sqrt{1 + 3^2 \cdot \left(\frac{2L}{R}\right)^2 \cdot (\omega - \omega_0)^2}}$$

通過周波数帯域は $|H(j\omega)| \geq \frac{1}{\sqrt{2}}$ となる周波数範囲であるから，$|\omega - \omega_0| \leq \frac{1}{3} \cdot \frac{R}{2L}$ となる．従って，通過周波数範囲は以下のようになる．

$$\omega_0 + \frac{1}{3} \cdot \frac{R}{2L} \geq \omega \geq \omega_0 - \frac{1}{3} \cdot \frac{R}{2L}$$

従って，1 段の場合に比べ，通過周波数帯域が $\frac{1}{3}$ になりより狭くなることが分かる．

問 8.2　この場合，$Z_1 = j\omega C_1$，$Z_2 = \frac{j\omega L}{1 - \omega^2 L C_2}$ とおくと，通過角周波数範囲は次式となる．

$$-1 \leq \frac{Z_1}{4 Z_2} = \frac{1 - \omega^2 L C_2}{4\omega^2 L C_1} \leq 0 \qquad \rightarrow \qquad \frac{1}{\sqrt{L(4C_1 + C_2)}} \leq \omega \leq \frac{1}{\sqrt{L C_2}}$$

従って，コンデンサ C_1 の値が小さければ小さいほど通過周波数範囲が狭くなる．なお，図 2.5 の 2 端子対回路網が 10 段程度でこの効果が得られる．

問 8.3　この場合の共振状態は，$X_1 + X_2 + X_3 = \omega L_2 - \frac{1}{\omega C_1} - \frac{1}{\omega C_2} = 0 \quad \rightarrow \quad \omega^2 = \frac{C_1 + C_2}{L_2 C_1 C_2}$，および $\omega L_1 \cdot X_3 + X_1 \cdot X_3 + X_1^2 = \omega L_1 \cdot \left(-\frac{1}{\omega C_2}\right) + \omega L_2 \cdot \left(-\frac{1}{\omega C_2}\right) + (\omega L_2)^2 = 0 \quad \rightarrow \quad \omega^2 = \frac{L_1 + L_2}{L_2^2 C_2}$ である．さらに，$L_1 C_1 = L_2 C_2$ の関係となる．

問 8.4　CR を用いた高域フィルタの方程式は次式となる．

$$f(t) = g(t) + \frac{1}{CR} \cdot \int_0^t g(\tau) \, d\tau$$

時系列 $x_n = f(n\tau)$ および $y_n = g(n\tau)$ で上式は次式の $z-$ 変換 $H_H(z)$ となる．

$$
\begin{aligned}
x_n &= y_n + \frac{1}{CR} \cdot \sum_{k=0}^{n} y_k \cdot \tau \quad \rightarrow \\
x_n - x_{n-1} &\approx y_n - yn - 1 + \frac{\tau}{CR} \cdot y_n \quad \rightarrow \\
(1 - z) \cdot X(z) &= (1 - z) \cdot Y(z) + \frac{\tau}{CR} \cdot Y(z) \quad \rightarrow \\
Y(z) &= \frac{1 - z}{1 + \frac{\tau}{CR} - z} \cdot X(z) \quad \rightarrow \quad H_H(z) = \frac{1 - z}{1 + \frac{\tau}{CR} - z}
\end{aligned}
$$

一方，低域フィルタの $z-$変換 $H_L(z)$ は次式となる．

$$H_L(z) = 1 - H_H(z) = \frac{\frac{\tau}{CR}}{1 + \frac{\tau}{CR} - z}$$

従って，高域フィルタでは分母に $1 - z$ があり，低域フィルタにはない．

問 8.5　まず，1 段での $z-$変換 $H_1(z)$ は 8.8 から次式である．

$$H_1(z) = \frac{\tau R}{L} \cdot \frac{1-z}{(\alpha-z)^2} = \frac{2\omega_0\tau}{\alpha^2} \cdot \frac{1-z}{(1-\frac{z}{\alpha})^2}$$

従って，n 段での $z-$変換 $H_n(z)$ および各係数は次式となる．

$$
\begin{aligned}
H_n(z) &\approx \{H_1(z)\}^n = \frac{(2\omega_0\tau)^n}{\alpha^{2n}} \cdot \frac{(1-z)^n}{(1-\frac{z}{\alpha})^{2n}} = \frac{(2\omega_0\tau)^n}{\alpha^{2n}} \cdot \frac{\sum_{k_1=0}^{n}(-z)^{k_1}}{\sum_{k_2=0}^{2n}(-\frac{z}{\alpha})^{k_2}} \\
a_{k_1} &\approx \frac{(2\omega_0\tau)^n}{\alpha^{2n}} \cdot {}_nC_{k_1}(-1)^{k_1} \qquad (0 \le k_1 \le n) \\
b_{k_2} &\approx {}_{2n}C_{k_2}(-\frac{1}{\alpha})^{k_2} \qquad (0 < k_2 \le 2n)
\end{aligned}
$$

第 9 章

問 9.1　$x_2x_0x_0x_2x_0x_0x_0x_1x_1x_0x_0x_0$　　$\rightarrow$　　000100011000111100

問 9.2　本文の例題の偶数パリティと同じとなる．

$$
\begin{aligned}
&{}_9C_2 \cdot (10^{-4})^2 \cdot (1-10^{-4})^7 + {}_9C_4 \cdot (10^{-4})^4 \cdot (1-10^{-4})^5 \\
&+ {}_9C_6 \cdot (10^{-4})^6 \cdot (1-10^{-4})^3 + {}_9C_8 \cdot (10^{-4})^8 \cdot (1-10^{-4})^1 \\
&\approx \frac{9 \cdot 8}{2 \cdot 1} \cdot 10^{-8} + \frac{9 \cdot 8 \cdot 7 \cdot 6}{4 \cdot 3 \cdot 2 \cdot 1} \cdot 10^{-16} + \frac{9 \cdot 8 \cdot 7}{3 \cdot 2 \cdot 1} \cdot 10^{-24} + 9 \cdot 10^{-32} \\
&= 36 \times 10^{-8} + 128 \times 10^{-16} + 84 \times 10^{-24} + 9 \times 10^{-32} \\
&\approx 0.00000036
\end{aligned}
$$

問 9.3　$X(n) \cdot x^3 = x^9 + x^8 + x + 1$　従って，

　　　　$x^9 + x^8 + x + 1 \bmod (x^3 + x + 1) = x + 1$

　　　　送信データ $(011000110011)_2$

問 9.4　状態推移は $S_0 S_1 S_2 S_0 S_1 S_2 S_0 S_1 S_3 S_2 S_1 S_3$ となり，入力信号は 01101101011 となる．

問 9.5

$$
\begin{aligned}
y_0 &= (1+0+1+0) \bmod 2 = 0 \\
y_1 &= (1+0+0+0) \bmod 2 = 1 \\
y_2 &= (0+1+0+0) \bmod 2 = 1
\end{aligned}
$$

　　　　従って，$k = (110)_2 = 6$ となり，x_6 が誤って受信されたことになる．

第 10 章

問 10.1　データブロック（メッセージ）にビット誤りが発生するとそのメッセージ全体が再送される．メッセージが大きいほど誤り確率が高くなり，再送も多くなる．このメッセージを小さなパケットに分解すると，パケットのビット数が少ないので，メッセージよりも誤り確率が小さくなる．たとえ，ビット誤りが発生したとしても，小さなパケットを再送すればよいので，再送による時間ロスがメッセージの場合にくらべ小さい．従って，全体として，メッセージを小さなパケットに分解してネットワークを転送した方が速く転送できることを示している．

問 10.2　ネットワーク内に入場券を持ったパケット（パーミット という）を巡回させる．あるノードにおいて転送パケットがあれば，巡回しているパーミットと入れ替わって，転送パケットがネットワークに入り込む．転送パケットが目的ノードから出るとき，パーミットに代わり再びネットワーク内を巡回する．このパーミットの数を，渋滞が起こらない程度の数にすることによって転送パケットの入場制限を行う．

問 10.3

$$6 \cdot \lambda = \frac{6 \cdot C}{P_1 + 2 \cdot P_2} = \frac{6 \cdot C}{1 + P_2} \quad \text{[packets/sec]}$$

問 10.4　同じ指数分布が k 段直列に繋がった遅延時間分布の確率密度関数 $f_k(x)$ は参考文献 [4] から

$$f_k(x) = \frac{\mu^k}{(k-1)!} \cdot x^{k-1} \cdot e^{-\mu x}$$

である．これを数学的帰納法によって証明する．まず，$k = 1$ において成立する．次に，k において成立するとおいて，$k+1$ の場合を求めると以下のようになる．

$$
\begin{aligned}
f_{k+1}(x) &= \int_0^x f_k(\tau) \cdot f_1(x - \tau) \, d\tau = \int_0^x \frac{\mu^k}{(k-1)!} \cdot \tau^{k-1} \cdot e^{-\mu\tau} \cdot \mu \cdot e^{-\mu(x-\tau)} \, d\tau \\
&= \frac{\mu^{k+1}}{(k-1)!} \cdot e^{-\mu x} \cdot \int_0^x \tau^{k-1} \, d\tau = \frac{\mu^{k+1}}{(k-1)!} \cdot e^{-\mu x} \cdot \frac{x^k}{k} = \frac{\mu^{k+1}}{k!} \cdot x^k \cdot e^{-\mu x}
\end{aligned}
$$

以上によって証明された．

問 10.5　遅延時間分布の確率密度関数は，問 10.4 の結果を利用して以下のようになる．

$$
\begin{aligned}
f(x) &= \sum_{k=0}^{\infty} p_k \cdot f_{k+1}(x) = \sum_{k=0}^{\infty} \rho^k \cdot (1-\rho) \cdot \frac{\mu^{k+1}}{k!} \cdot x^k \cdot e^{-\mu x} \\
&= \mu \cdot (1-\rho) \cdot e^{-\mu x} \cdot \sum_{k=0}^{\infty} \frac{(\lambda x)^k}{k!} = (\mu - \lambda) \cdot e^{-\mu x} \cdot e^{\lambda x} = (\mu - \lambda) \cdot e^{-(\mu-\lambda)x}
\end{aligned}
$$

問 10.6　pure ALOHA 方式：

$$S = G \cdot e^{-2G} \qquad G = \lambda\tau$$

$$\frac{dS}{dG} = e^{-2G} - 2G \cdot e^{-2G} = (1 - 2G) \cdot \cdot e^{-2G} = 0$$

$$\rightarrow \quad G = \frac{1}{2} \qquad 最大スループット \quad S = \frac{1}{2e}$$

slotted ALOHA 方式：

$$S = G \cdot e^{-G} \qquad G = \lambda\tau$$

$$\frac{dS}{dG} = e^{-G} - G \cdot e^{-G} = (1 - G) \cdot \cdot e^{-G} = 0$$

$$\rightarrow \quad G = 1 \qquad 最大スループット \quad S = \frac{1}{e}$$

問 10.7　参考文献 [4] から M/G/1 待ち行列システムの平均待ち時間は

$$W_q = \frac{\lambda}{2(1 - \rho)} \cdot \int_0^\infty x^2 \cdot f(x)\, dx \qquad \rho = \frac{\lambda}{\mu}, \ \ \frac{1}{\mu} = \int_0^\infty x \cdot f(x)\, dx$$

である．これから，M/M/1 待ち行列システムの平均待ち時間 $W_q^{M/M/1}$ および M/D/1 待ち行列システムの平均待ち時間 $W_q^{M/D/1}$ はそれぞれ以下となる．

$$W_q^{M/M/1} = \frac{\lambda}{2(1 - \rho)} \cdot \int_0^\infty x^2 \cdot e^{-\mu x} dx = \frac{\lambda}{2(1 - \rho)} \cdot \frac{2}{\mu^2} = \frac{\rho^2}{\lambda(1 - \rho)}$$

$$W_q^{M/D/1} = \frac{\lambda}{2(1 - \rho)} \cdot \int_0^\infty x^2 \cdot \delta\left(x - \frac{1}{\mu}\right) dx = \frac{\lambda}{2(1 - \rho)} \cdot \frac{1}{\mu^2} = \frac{\rho^2}{2\lambda(1 - \rho)}$$

従って，M/D/1 待ち行列システムの平均待ち時間 $W_q^{M/D/1}$ は，M/M/1 待ち行列システムの平均待ち時間 $W_q^{M/M/1}$ の半分となっている．

参考文献

[1]　虫明康人，　電子通信大学講座 18 アンテナ・電波伝搬，1962，コロナ社.

[2]　串田嘉男，　地震予報，2012，PHP 研究所.

[3]　森谷武男，　地震予報のできる時代へ　電波地震観測者の挑戦，2009，青灯社.

[4]　吉岡良雄，　COM シリーズ　図解　ネットワークの基礎，1991，オーム社.

[5]　重井芳治，　電気系基礎シリーズ 7　電気通信工学，1982，朝倉書店.

[6]　重井芳治，　アナログ通信工学，1987，昭晃堂.

[7]　吉岡良雄，　トランジスタラジオで学ぶ電子回路の基礎，2012，弘前大学出版会.

144

索 引

著者略歴

吉岡 良雄（よしおか よしお）
　1978 年 3 月　東北大学大学院工学研究科博士課程修了，工学博士
　現在　　　　　弘前大学・名誉教授

　研究分野：　コンピュータネットワーク，待ち行列システム
　著書：　吉岡，電気系の確率とその応用，森北出版，1987 年 4 月
　　　　　吉岡，図解　ネットワークの基礎，オーム社，1991 年 8 月
　　　　　吉岡，待ち行列と確率分布，森北出版，2004　年 1 月
　　　　　その他

長瀬 智行（ながせ ともゆき）
　1994 年 3 月　東北大学大学院工学研究科博士後期過程修了，工学博士
　現在　　　　　弘前大学大学理工学研究科・准教授
　2001 年 10 月〜2002 年 9 月　San Diego State University, USA, Visiting Lecturer

　研究分野：　情報セキュリティ，コンピュータネットワーク
　著書：　T. Nagase and Y. Yoshioka, Introduction to Network Engineering, 弘前大学
　　　　　出版会，2008 年 3 月.
　　　　　吉岡・長瀬，確率・統計入門（Introduction to Probability and Statistics），
　　　　　弘前大学出版会，2014 年 8 月.
　　　　　吉岡・長瀬，複素関数入門（Introduction to Complex Functions），弘前大学
　　　　　出版会，2015 年 3 月.
　　　　　吉岡・長瀬，電気計の複素関数入門（Introduction to Complex Functions for
　　　　　Electrical Engineering），弘前大学出版会，2017 年 3 月.
　　　　　その他

通信工学
Communications Engineering

2019年8月23日　初版第1刷発行

著者　吉岡　良雄
　　　長瀬　智行

発行所　弘前大学出版会　HUP

〒036-8560　青森県弘前市文京町1
Tel. 0172-39-3168　Fax. 0172-39-3171

印刷・製本　青森コロニー印刷

ISBN 978-4-907192-78-5